화학의 기본 6가지 법칙

– 기초 · 실험 · 응용 –

전파과학사는 독자 여러분의 책에 관한 아이디어와 원고 투고를 기다리고 있습니다. 디아스포라는 전파과학사의
임프린트로 종교(기독교), 경제·경영서, 일반 문학 등 다양한 장르의 국내 저자와 해외 번역서를 준비하고 있습니다.
출간을 고민하고 계신 분들은 이메일 chonpa2@hanmail.net로 간단한 개요와 취지, 연락처 등을 적어 보내주세요.

화학의 기본 6가지 법칙
– 기초 · 실험 · 응용 –

–
초판 1987년 09월 30일
중판 2015년 06월 30일
개정 1쇄 2024년 07월 16일

–
지은이 다케우치 요시토
옮긴이 박택규
발행인 손동민
디자인 김현아

–
펴낸곳 전파과학사
출판등록 1956년 7월 23일 제 10-89호
주 소 서울시 서대문구 증가로18, 204호
전 화 02-333-8877(8855)
팩 스 02-334-8092
이메일 chonpa2@hanmail.net
공식 블로그 http://blog.naver.com/siencia

ISBN 978-89-7044-663-9 (03430)

화학의 기본 6가지 법칙

- 기초 · 실험 · 응용 -

다케우치 요시토 지음 | **박택규** 옮김

전파과학사

독자에게

　화학을 공부하는 것은 한 가지 대상을 그림으로 그리는 것과 비슷하다.

　그림을 그릴 때는 먼저 대상의 형태와 크기를 명확하게 하기 위해 '윤곽'부터 그린다. 이 윤곽을 그리는 일에 해당하는 것이 교과서나 참고서를 통한 학습이다. 그러나 대상을 보다 깊이 이해하기 위해서는 윤곽만으로 충분하지 않다. 명암이나 채색이 필요하다. 윤곽만으로는 아무래도 평면적인 것이 되어 버린다. 그 명암과 채색을 부여함으로써 비로소 대상이 입체적인 크기를 갖게 된다.

　학습만 해도 마찬가지다. 교과서나 참고서가 가르쳐 주는 화학은 화학의 윤곽이다. 바꿔 말하면 평면적인 화학이다. 교과서나 참고서를 통한 학습 이외에 명암이나 채색에 해당하는 학습이 바람직하다. 그렇다면 여러분의 화학에 어떻게 하면 명암과 채색을 줄 수 있을까?

　화학은 모든 학문과 마찬가지로, 결코 하루아침에 완성된 것이 아니다. 수 세기에 걸친 시간의 경과 속에서 여러 나라 학자들의 노력이 쌓여서 이룩된 것이다. 화학에는 시간적인 발전이 있다. 바꿔 말하면 입체적인 발전인 것이다.

화학이 발전한 발자취를 역사적으로 더듬어 봄으로써 화학에 명암과 색채를 부여할 수 있을 것이다.

그래서 필자는 화학의 골격을 형성하는 6가지의 기본 법칙을 선택하여 그것이 어떤 경로로 발견되었으며(기초), 어떻게 해서 증명되었고(실험), 또 그 후 어떻게 발전해 왔는가를(응용) 되도록 알기 쉬운 말로 해설해 보았다.

여기서 다룬 6가지 기본 법칙은 화학의 광범위한 세계를 모조리 다루는 것은 아니다. 그러나 하나하나의 법칙은 화학의 가장 기본적인 부분을 형성하고 있다.

각 장은 저마다 독립된 형식을 취하고 있으므로 아무 데서나 마음 내키는 대로 읽기 쉬운 장에서부터 읽어 나가도 상관없다.

그러나 그런 방식으로 일단 다 읽고 난 뒤에는 그림을 한 발짝 뒤로 물러서서 전체적으로 관조하듯이 다시 한 번 처음부터 끝까지 통독해 주었으면 한다.

그런 뒤에 다시 교과서나 참고서에 의한 학습으로 되돌아가 주기 바란다. 여러분은 조금은 다른 눈으로 화학을 바라볼 수 있게 될 것이고, 또 화학이라는 학문이 지금보다 한결 알기 쉬워졌다고 느끼게 될 것이다.

차례

제1장

질량 보존의 법칙

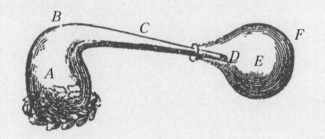

〈라부아지에가 사용했던 실험 장치〉

화학반응의 전후에서 반응물의 전체 질량과 생성물의 전체 질량은 같고, 화학반응에서 질량의 변화는 없다.

라부아지에

질량 보존의 법칙은 많은 자연과학 법칙 중에서도 가장 기초적인 것이다. 오늘날의 우리 눈으로는 매우 자명해 보인다. 그런데도 이 법칙을 발견하기까지의 과정은 결코 쉬운 일이 아니었다.

옛날 사람은 화학반응이 일어날 때 질량의 일부가 열 등의 형태로 상실된다고 생각하고 있었다. 실제로 질량 보존의 법칙을 발견한 라부아지에(A. L. Lavoisier, 1743~1794)조차도 열을 물질의 일부라고 생각하고 원소 표에 넣었다.

라부아지에의 질량 보존의 법칙은 연소 이론(燃燒理論)에 최종적인 결론을 내렸다. 물질이 연소할 때의 반응은 공기 속의 산소와 화합한다는 사실을 밝혔다. 플로지스톤설(phlogiston theory)은 여기서 그 숨통이 끊어졌다.

란돌트(H. H. Landolt, 1831~1910)의 비길 데 없이 정밀한 실험으로 질량 보존의 법칙이 확인된 것을 전후로 아인슈타인(A. Einstein, 1879~1955)은 질량과 에너지는 같은 값이라는 것을 발표했다. 질량 보존의 법칙과 에너지 보존의 법칙은 아인슈타인에 의해서 연결되었다.

이리하여 우리는 보다 통일된 자연의 모습을 만들어 내는 데 성공했다.

1. 판헬몬트의 생각

미리 무게를 재 둔 화분에 무게를 재서 흙을 담고 나팔꽃 씨앗을 뿌려 둔다. 이윽고 싹이 트고 새잎이 돋아 차츰 성장하여 넝쿨이 뻗어 꽃을 피운다. 충분히 자란 나팔꽃을 뽑아낸 뒤에 남은 화분과 흙의 무게를 재 본다. 뿌리에 붙은 약간의 흙을 제외하면, 그 무게는 처음과 그다지 큰 차이가 없을 것이다.

그러나 나팔꽃은 다르다. 씨앗의 질량에 비해서 성장한 나팔꽃의 질량은 수백 배로 증가했다.

그런데 나팔꽃이 자라는 동안 준 것이라고는 물뿐이었다. 따라서 나팔꽃의 증가한 질량은 모두 물에 의해서 만들어진 것이다. 그러므로 모든 물질은 물로 이루어져 있다. 바꿔 말하면 "만물은 물을 원소로 하여 이루어져 있다."

여러분은 이 명제를 어떻게 생각할까? 과연 그렇구나, 하고 납득했을까? 아니면 어딘가 좀 이상하다고 생각했을까? 확실히 이상한 곳이 몇 군데 있다. 최대의 결점은 기체를 생각하고 있지 않다는 점일 것이다. 나팔꽃의 질량이 증가한 주된 원인은 광합성에 의해 만들어진 셀룰로스 등에 의해서 식물이 자라고, 그 속에 다량의 물을 포함하게 되었기 때문이다. 물 이외에도 광합성에 관여하는 중요한 물질, 즉 이산화탄소를 고려하지 않은 점도 이상하다.

17세기 초에 벨기에의 학자 판헬몬트(J. B. van Helmont, 1577~1644)는 자신이 관찰한 해석으로 "물은 만물의 원소다."라고 주장했다. 그는 자

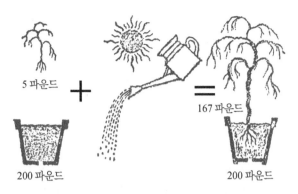

5 파운드

200 파운드

167 파운드

200 파운드

판헬몬트의 실험(버드나무의 162파운드는 물로 이루어졌다)

신의 관찰을 아래와 같이 정리하고 있다.

> "화분에 마른 흙 200파운드(약 90kg)를 담고, 여기에 약 5파운드의 버드
> 나무 가지를 꽂아 물만 주어서 5년간 키웠다. 버드나무는 싱싱하게 자라서 그
> 무게가 167파운드에 달했다. 그 동안 화분의 흙이 흘러 나가지 않게 조심했기
> 때문에, 5년 후에는 2온스(약 55g)가 줄었을 뿐이다. 즉 162파운드 몫의 나무
> 가 물에서부터 생겼다는 것이 된다."

판헬몬트의 해석은 지금이라면 누구라도 금방 이상하다는 것을 알아
챌 수 있듯이 결점투성이다. 그러나 옛날 사람들이 얼마나 단순했느냐를
보여 주기 위한 예로 이 얘기를 들고나온 것은 아니다. 오히려 그 반대다.
물질의 변화를 생각할 때, 외관상의 변화뿐만 아니라 질량의 변화를
생각할 필요가 있다. 그는 그 사실을 이해하고 있었던 것이다. 그와 같이

명확하게 중요성을 인식했던 사람은 그전에는 아무도 없었다. 그런 의미에서 판헬몬트나 이 시대의 학자들이 했던 일은 다가올 18세기 말의 '화학혁명'으로의 '정지 작업의 구실'을 했던 것이다.

2. 플로지스톤설

물질이 연소하는 현상의 메커니즘을 이해하는 것은 불을 다루는 방법을 익힌 이래 인간에게 있어서는 아마 가장 중요한 문제였을 것이다.

고대로부터 중세에 걸쳐서 물질이나 그 변화에 대한 사고방식을 지배하고 있었던 것은 고대 그리스의 철학자 아리스토텔레스(Aristoteles, B.C. 384~322)의 '4원소설(四元素說)'이었다. 아리스토텔레스는 "모든 물질은 불, 공기, 물, 흙이라는 4종류의 원소로 이루어져 있다."라고 주장했다. 이 견해에 따르면 연소하는 것은 많든 적든 '불의 원소'를 함유하고 있고, 적당한 조건 아래서 불의 원소가 방출될 때 물질이 연소한다.

17세기 말부터 18세기 초에 걸쳐 두 사람의 독일학자 베허(J. J. Becher, 1635~1682)와 슈탈(G. E. Stahl, 1660~1734)은 이 사고방식을 한층 더 발전시켰다. 슈탈은 물질 속에 함유되어 있고, 연소를 지탱하는 원소를 '플로지스톤'('연소'로 번역하기도 한다)이라고 명명했다.

나무는 플로지스톤이 풍부하기 때문에 잘 탄다. 불길이나 연기가 활발하게 날 때 플로지스톤이 방출된다. 연소한 뒤에는 플로지스톤이 방출된 뒤의 '허물'인 재가 남는다.

그러나 금속, 이를테면 수은이나 주석을 공기 속에서 가열했을 때 일어나는 변화는 나무가 탈 때의 변화와는 약간 달랐다. 수은이나 주석은 확실히 변화했다. 그러나 뒤에 남겨지는 것(금속재)은 처음의 금속보다 더 무거웠다.

연소가 플로지스톤의 방출이라고 한다면, 금속이 타고 난 뒤에 남는 금속재의 질량이 본래의 금속보다 큰 질량을 갖는다는 사실을 어떻게 설명해야 할까? 판헬몬트가 질량의 변화에 주목하고 있었는데도 불구하고, 당시의 학자들은 질량 문제에 대해서 충분한 주의를 기울였다고는 말할 수 없었다. 플로지스톤은 마이너스의 질량을 지녔다고 생각하는 사람도 있었다.

3. 라부아지에의 생각

프랑스의 화학자 라부아지에는 연구를 시작했을 무렵부터 질량을 정확하게 측정하는 일의 중요성을 잘 알고 있었다. 라부아지에 이전의 사람들은 물이 흙으로 바뀔 수 있다고 생각하고 있었다. 그 증거가 유리그릇 속에서 물을 며칠 가열하면 소량의 고체가 바닥에 가라앉게 된다는 점이다. 라부아지에도 처음에는 이 생각이 옳다고 생각했었다.

그는 수증기가 빠져나가지 않게 밀폐한 유리그릇 속에서 물을 101일간이나 가열했다. 어김없이 침전이 생겼다. 그러나 물의 질량에는 변화가 없었다. 발생한 침전의 질량만큼 플라스크의 질량이 감소해 있었다. 발생한 침전은 물이 흙으로 바뀐 것이 아니라 뜨거운 물에 침범되어 떨어져 나간 유리였다.

이와 같은 경험으로 라부아지에는 눈에 보이는 현상의 관찰뿐만 아니라 정확한 측정에 따라 비로소 올바른 이론이 얻어질 수 있다는 것을 배웠다.

연소에 대한 연구에서도 라부아지에는 같은 방법을 취했다. 밀폐한 그릇 속에 일정한 양의 공기와 금속(이를테면 주석이나 수은)을 넣고 가열했다. 금속 표면에는 금속재의 층이 형성되었다.

가열 후, 모든 그릇(유리그릇, 금속, 금속재, 공기 등의 모든 것)의 질량을 측정했다. 그 질량은 가열하기 전과 정확하게 같았다. 다음에는 금속의 질량을 재 보았다. 금속의 일부가 금속재로 변해 질량이 증대했다. 따라서 그 질량을 상실한 무언가가 존재할 것이었다. 생각할 수 있는 것은 공기 이외에는 없었다.

공기의 일부가 연소에 의해서 상실되었다는 것을 가리키는 증거가 있었다. 밀폐한 그릇을 열어젖히자 공기가 세차게 흘러 들어갔다.

이리하여 라부아지에는 금속으로부터 금속재로 변화하는 것은, 금속으로부터 플로지스톤이 상실되는 것이 아니라 금속에 공기의 일부가 첨가되는 것임을 제시했다.

당시의 금속 제련법은 광석을 숯과 함께 강하게 가열하는 방법이었다. 그는 "광석은 금속재이고, 숯은 광석으로부터 기체를 빼앗아 이산화탄소가 되고, 뒤에는 금속이 남겨진다."라고 설명했다.

이것에 대해 플로지스톤설을 주장하는 학자는 정련(精鍊)이란 플로지스톤이 숯에서 금속으로 이동하는 것이라고 생각했다.

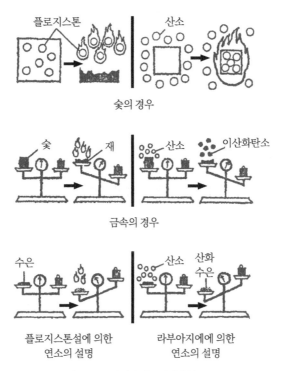

숯의 경우

금속의 경우

플로지스톤설에 의한
연소의 설명

라부아지에에 의한
연소의 설명

플로지스톤설과 라부아지에설

라부아지에의 설명과 플로지스톤설은 같은 현상에 대한 전혀 다른 두 가지 설명이었다. 연소는 라부아지에에 따르면 연소하는 물질과 기체가 결합한 것이며, 플로지스톤파에 따르면 연소하는 것으로부터 플로지스톤이 방출하는 것이다.

라부아지에의 견해를 따르면 연소나 정련 때의 질량의 변화를 모조리 설명할 수 있었다. 금속재는 보태어진 공기의 질량만큼 본래의 금속보다 질량이 컸다. 나무는 공기의 일부를 얻어 연소하지만, 발생하는 물질은 기체여서 증발해 버린다. 그 때문에 질량이 증가하는 것으로는 보이지 않는다. 실제로 재는 본래의 나무보다 가벼웠다. 그러나 밀폐한 그릇 속에서 나무를 태우면서 발생한 기체는 그릇 속에 남아 있기 때문에 연소 후에 남아 있는 물질의 질량의 총합은 본래의 나무와 공기의 질량과 같은 것이다.

4. 질량 보존의 법칙

라부아지에는 여러 가지 실험을 하면서, 만약 화학반응에 관여하는 모든 물질과 모든 생성물을 고려한다면 질량의 변화는 결코 일어나지 않는다고 생각했다.

그래서 그는 이 생각을 다듬어 "결코 만들어지거나 상실되거나 하는 일이 없고, 다만 어떤 물질로부터 다른 물질로 이동할 따름이다."라는 질량 보존의 법칙으로 정리했다.

본래 그는 물질은 상실되는 일이 없다고 주장했으므로, 이 법칙을 '물질 불멸의 법칙'이라고 부르기도 한다. 또 '질량 불멸의 법칙', '질량 불변의 법칙'이라고 부르기도 한다.

질량 보존의 법칙을 착상한 것은 라부아지에가 처음은 아니었다. 라부아지에와 거의 같은 시대의 영국의 화학자 브래그(W. H. Bragg, 1862~1942: 이산화탄소 발견)나 캐번디시(H. Cavendish, 1731~1810: 수소 발견)는 분명하게 말하지는 않았지만, 질량 보존이라는 개념을 사용하고 있었다.

그보다 더 이른 시기에 러시아의 과학자 로모노소프(M. V. Lomonosov, 1711~1765)는 한 물질이 질량을 얻으면 다른 물질이 그것과 같은 질량을 상실한다고 가정했다. 1740년대에 연소를 연구하던 그는 생성물의 질량의 증가는 공기로부터 빼앗은 '어떤 것'이 원인이라고 말했다. 그는 또 플로지스톤을 믿지 않았다.

로모노소프가 라부아지에와 맞먹는 발견을 했으면서도 인정을 받지 못했던 이유 중, 하나는 그가 시대보다 너무 앞서 있었다는 점이다. 당대는 그의 진보적인 생각을 받아들일 만한 준비가 아직 되어 있지 않았다. 또 하나는 그가 러시아인이라는 점이었다. 당시의 문화 교류는 일방적이었기 때문에 러시아인이 서유럽인들을 자극하기란 매우 힘든 일이었다.

5. 라부아지에의 실험

1774년 11월 11일에 프랑스학사원에서 발표된 라부아지에의 논문에 실린 그의 실험을 소개하겠다. 이 논문의 목적은 연소 현상을 밝히는 일이었다. 금속의 연소에 의해서 금속재가 생기는 것은 금속이 공기의 일부와 화합했기 때문이지, 금속으로부터 플로지스톤이 상실되었기 때문은 아니라는 것이 그의 주장이었다.

실험 자체는 매우 단순하지만 현재는 전혀 사용되지 않는 단위가 일부 쓰였기 때문에 여기서는 현행 단위로 고쳐서 설명하기로 한다.

(i) 부피 약 54cm³, 질량 10.0463g의 레토르트에 정확하게 잰 주석 15.2960g을 넣는다.

(ii) 주석이 녹을 정도로 가열한 다음 레토르트를 불에 건 채로 밀폐한다. 이러

한 조작으로 레토르트 내의 공기의 일부가 빠져나오게 되는데, 이것은 폭발 등을 막기 때문에 중요하다. 이때 레토르트와 주석의 질량은 25.3236g이었으므로 밀폐하기 전의 가열에 의해서 0.0187g의 공기가 감소되었다.

(iii) 레토르트 주석이 녹을 때까지 가열하면, 표면의 반짝거림이 없어지고 검은 가루(산화주석)가 발생한다. 변화를 볼 수 없게 될 때까지 가열을 계속한 다음 냉각하여 다시 질량을 측정한다. 25.3245g이다. 가열 전후의 차 0.0009g은 오차로 하여 무시할 수 있다.

(iv) 다음에는 레토르트를 열어 전체 질량을 측정했다. 레토르트를 열 때 공기가 들어가서 25.3524g으로 되었다. 0.0101g의 질량 증가가 있었다.

(v) 한편 주석과 금속재를 모아서 그 질량을 쟀더니 15.3064g이었다. 처음과 비교하면 0.0104g이 증가했다. 즉, 가열하는 동안에 주석에 첨가된 공기의 질량(0.0104g)과 금속의 질량 증가(0.0104g)가 일치한다. 0.0003g의 차는 실험에 수반하는 오차의 범위이다. 또 레토르트를 밀폐할 때는 약 0.0509g의 공기가 들어가 있었으므로, 가열에 의해서 금속에 흡수된 공기는 전체의 약 1/5이었다.

라부아지에는 이 논문에서 사용한 천칭은 특별히 만든 것으로서, 이만큼 정확한 천칭은 세계 최초일 것이라고 말하고 있다.

이리하여 라부아지에는 질량 보존의 법칙을 전제로 하여 금속의 연소를 훌륭하게 설명했던 것이다.

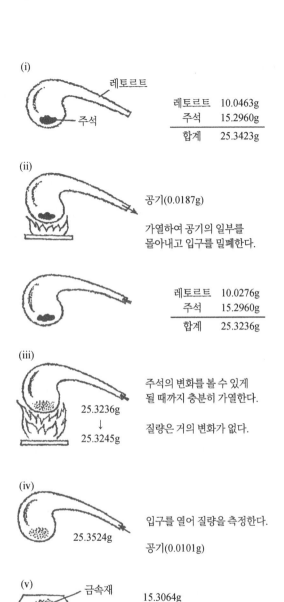

(i)

레토르트

주석

레토르트	10.0463g
주석	15.2960g
합계	25.3423g

(ii)

공기(0.0187g)

가열하여 공기의 일부를
몰아내고 입구를 밀폐한다.

레토르트	10.0276g
주석	15.2960g
합계	25.3236g

(iii)

25.3236g
↓
25.3245g

주석의 변화를 볼 수 있게
될 때까지 충분히 가열한다.

질량은 거의 변화가 없다.

(iv)

25.3524g

입구를 열어 질량을 측정한다.

공기(0.0101g)

(v)

금속재

15.3064g

라부아지에의 실험

6. 우리의 실험

오늘날에는 질량 보존의 법칙을 확인하는 데 어떤 실험을 할까?

(a) 천칭 위의 화학반응

다음 문제는 일본의 대학입시 센터시험에 나왔던 문제다. 실험의 그림과 법칙, 학설, 그와 관계 깊은 화학자의 이름을 관련짓는 것이 목표다. 제1장과 관계되는 것은 〈문제 1〉로서

그림 1의 실험에서 확인되는 법칙 또는 학설은 어느 것인가? 1

(B군에서 선택하라)

또 그것과 관계가 깊은 사람은 누구인가? 2

(C군에서 선택하라)

이 책의 독자라면 그림 1이 뜻하는 바를 쉽게 파악할 수 있을 것이다. 시험관 속의 A(질산은 $AgNO_3$ 용액)를 B(식염 $NaCl$ 용액)에 비우고(시험관은 그대로 플라스크에 넣어 둔다), 화학반응

$$AgNO_3 + NaCl \rightarrow AgCl \downarrow + NaNO_3$$

을 완결시킨다. 반응이 일어났다는 것은 염화은 $AgCl$의 침전이 생성된 것으로 확인할 수 있다. 반응 전후에서 질량의 변화는 없을 것이다.

〈문제 1〉

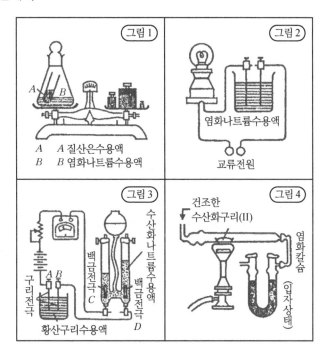

그림 1	그림 2
A	염화나트륨수용액
A A 질산은수용액	교류전원
B B 염화나트륨수용액	
그림 3	그림 4
구리전극 A B 백금전극 C 수산화나트륨수용액 백금전극 D 황산구리수용액	건조한 수산화구리(II) 염화칼슘 (입자상태)

[B군]

① 질량 보존의 법칙 ② 연소 이론 ③ 정비례의 법칙 ④ 배수 비례의 법칙 ⑤ 기체 반응의 법칙 ⑥ 분자설 ⑦ 전기분해의 법칙 ⑧ 원소의 주기율 ⑨ 평형이동의 법칙 ⑩ 전리설

[C군]

① 아레니우스 ② 아보가드로 ③ 돌턴 ④ 패러데이 ⑤ 게이뤼삭 ⑥ 라부아지에 ⑦ 르 샤틀리에 ⑧ 멘델레예프 ⑨ 프루스트

학력시험에서의 문제

이 실험은 천칭만 있으면 누구라도 할 수 있다. 두 액을 섞을 때 시험관을 플라스크에서 꺼내면 바닥에서 물이 떨어져서 질량의 손실이 일어나 실험을 망치게 될지도 모른다. 마개를 꼭 닫은 채로 플라스크를 조심스럽게 기울여서 두 액을 섞는 것이 좋을 것이다. 그림 1의 천칭은 '접시천칭'이라 불리는 것으로, 중고교 과학 실험에서 쉽게 볼 수 있다. 다만 이런 종류의 천칭의 정밀도는 0.01g 정도여서 라부아지에가 사용한 천칭보다 정밀도가 떨어질 것이다. 이 실험의 가치는 사용하는 천칭의 정밀도에 달려 있다.

적어도 0.01mg 정도까지 읽을 수 있는 '직시(直示)천칭'을 사용하는 것이 바람직하다. 직시천칭은 같은 정도의 정밀도를 갖는 '화학천칭'에 비교하면 훨씬 조작하기가 쉽다.

(b) 건전지의 질량 변화

우리는 질량 보존의 법칙을 자명한 것으로써 받아들이고 있기에 의심해 본 적이 없다. 그 때문에 질산은 용액과 식염 용액을 섞는 실험 결과는 너무도 당연해 보인다. 따라서 실험으로서는 무언가 미진한 느낌이 없지 않다.

그래서 이번에는 건전지 질량이 사용 후에도 일정한 값을 유지하는 지 어떤지를 시험해 보기로 하자. 건전지 속에서 일어나는 반응은 좀 복잡하다.

직시천칭(왼쪽)과 접시천칭(오른쪽)

● 실험 방법

(i) 필요한 수의 단 3 건전지, 펜라이트를 건조제와 함께 건조기(데시케이터, desiccator) 속에 넣는다(나선식 뚜껑이 달린 커피 등의 빈 병이라도 좋다). 하루 동안 방치해 두었다가 건전지의 질량을 신속하게 측정한다.

(ii) 건전지를 펜라이트에 넣고 불을 켠 채로 건조기에 넣는다.

(iii) 전구의 밝기가 눈에 띄게 약해지기 시작하면 펜라이트에서 건전지를 꺼내어 신속하게 질량을 측정한다.

● 고찰

(i) 방전에 수반하는 화학반응에 의해서 질량의 변화는 없었는가? 만약 있었다고 하면 무엇이 원인이었을까?

(ii) 건전지 속에서는 어떠한 화학반응이 일어나고 있을까?

건전지 실험

(iii) 건전지를 넣은 채로 펜라이트의 질량을 측정할 수 있다. 어느 쪽이 이 실험의 목적에 적합할까?

질량의 변화가 일어난다고 해도 아주 근소하기 때문에 질량을 되도록 정밀하게 측정할 수 있게 적합한 천칭을 사용하는 것이 좋다.

충전이 가능한 전지를 사용하여 충전에 의해서 질량 변화가 일어나는지 어떤지를 확인하는 것이 좋다.

7. 연소 이론의 확립

공기는 금속과 화합하여 금속재를, 나무와 화합하여 기체를 생성한다. 그러나 공기는 그것의 약 1/5만이 화합할 뿐이었다. 라부아지에는 처음에는 왜 공기의 1/5만이 화합하는지를 잘 설명할 수가 없었다.

그러나 영국의 화학자 프리스틀리(J. Priestley, 1733~1804)가 수은의 금속재(산화수은, HgO)를 가열하여 얻은 기체야말로 연소를 지탱하는 기체, 연소하는 것에 첨가되는 기체라는 것을 알아챘다. 이 기체 속에 타다 남은 양초를 넣으면 다시 불길을 일구며 타오르고, 또 생쥐를 이 기체가 담긴 밀폐한 용기 안에 넣으면 보통의 공기 속에 있을 때보다 오래 살아 있을 수가 있었다.

프리스틀리는 플로지스톤설을 믿고 있었기 때문에 자신이 발견한 기체는 공기로부터 플로지스톤이 제거된 것이라고 생각하고 이것을 '탈(脫) 플로지스톤 공기'라고 명명했다. 플로지스톤을 전혀 함유하고 있지 않은 기체 속에서 가연물(불에 타는 물질)은 세차게 플로지스톤을 방출할 수 있을 것이었다.

라부아지에는 공기에 '탈플로지스톤 공기'가 약 1/5이 함유되어 있다고 생각했다. 나머지 4/5는 러더퍼드(D. Rutherford, 1749~1819)가 발견한 '플로지스톤화(化) 공기'였다. 러더퍼드는 보통의 공기를 담은 밀폐한 용기 속에서 쥐를 사육하여 죽기를 기다렸다가, 다시 그 속에 양초나 인을 있는 대로 모조리 연소시키고, 마지막으로 남은 기체를 알칼리 수용액에 통과시켰다.

이리하여 얻어진 기체 속에서는 이미 쥐가 살아갈 수 없고, 양초도 타지 않았다. 플로지스톤파였던 러더퍼드는 이 공기가 플로지스톤으로 포화(飽和)되어 있기 때문에 이 속에서는 물질의 연소(플로지스톤의 방출)는 안 되는 것이라고 생각했다. 그래서 그는 이 기체를 '플로지스톤화 공기'라고 명명했던 것이다.

라부아지에는 '탈플로지스톤 공기'라든가 '플로지스톤화 공기'라는 이름은 적당하지 않다고 생각하여 전자에는 옥시젠, 후자에는 아조토라는 이름을 붙였다. 옥시젠은 '산을 만드는 것'이라는 의미로서 이 이름은 현재도 사용되고 있다. 그리고 아조토는 '생명이 없다'라는 뜻의 그리스어에서 따온 말이다. 이 이름은 오늘날에는 프랑스 이외에서는 사용되지 않는다. 현재 사용되고 있는 것은 니트로젠(nitrogen)이라는 이름이다. 우리는 흔히 산소, 질소라고 부르고 있다.

공기가 산소 1부피와 질소 4부피의 화합물이라고 하면, 연소에 관한 그때까지의 실험 결과를 전부 무리 없이 설명할 수 있었다. 라부아지에의 새로운 이론은 화학을 완전히 합리화하는 내용을 담고 있었다. 플로지스톤과 같은 신비적인 것은 사라졌다. 이 이후는 질량이나 부피를 측정할 수 있을 만한 물질만이 화학자가 다루는 대상이 되었다.

라부아지에에 의해서 시작된 이 화학의 개혁을 가리켜 후세 사람들은 '화학 혁명'이라고 일컬었다. 실제로 화학이 근대적인 의미로서의 학문으로 독립하기 위해서는 반드시 통과해야 할 관문이었다. 그런 의미에서 라부아지에를 '근대 화학의 아버지'라고 일컫는다.

8. 란돌트의 실험

라부아지에의 훌륭한 실험은 설득력을 지닌 것이기는 했지만, 그래도 1mg 정도의 오차가 있었다. 아주 근소한 질량의 변화가 일어났다고 하더라도 라부아지에가 사용한 천칭으로는 그것을 발견할 수 없었던 것이 아닐까 하는 의문은 후세의 화학자들을 끊임없이 괴롭혀 왔다.

실제로 어떤 종류의 반응에서는 0.2~0.3mg에 달하는 질량 변화가 인정되었다. 그와 같은 보고를 둘러싸고 라부아지에의 사후 100년 이상, 지난 19세기 말부터 20세기 초까지 학자들 사이에서 논쟁이 벌어졌다.

독일의 화학자 란돌트는 이런 의문을 해결하기 위해 새로운 정밀천칭을 준비했다. 오차의 최댓값은 0.03mg(0.00003g)으로, 만약 화학반응이 진행되는 동안에 이 이상의 질량 변화가 일어난다면 그것은 실험의 오차라고는 할 수 없는 것이었다.

10년 이상의 준비를 거친 후 1906년에 시도한 숱한 용액 속의 반응 중에서 다음의 두 가지는 상당한 질량 감소가 인정되었다.

(i) Ag_2SO_4 + $2FeSO_4$ → $2Ag$ + $Fe_2(SO_4)_3$
     황산은   황산철(II)   은   황산철(III)

9회의 실험에서 0.068~0.199mg의 감소

(ii) HIO_3 + $5HI$ → $3I_2$ + $3H_2O$
   아이오딘산   아이오딘화   아이오딘   물
           수소

9회의 실험에서 0.047~0.177mg의 감소

이외에도 질량이 변화가 아주 근소하지만 실험 오차를 웃도는 것이 있었다. 54회의 실험 중 질량 증가가 나타난 경우는 12회로서 그 값은

0.002~0.019mg으로 매우 근소했다.

질량이 변화가 일어났다는 설명으로는, 방사성원소와 같이 분자가 파괴하여 원자의 일부가 박탈되고, 그것이 용기의 벽을 통과하여 상실되었을 것이라고 란돌트는 설명하다.

그러나 란돌트는 보다 정확하도록 힘썼다. 앞에서 관찰한 화학반응 때의 질량 감소는 발열반응 때만 일어나기 때문에 유리 기구의 표면에 밀착해 있는 아주 근소한 수분이 열에 의해서 증발한 것이 아닐까 하고 생각했다.

그래서 반응 시간보다 훨씬 긴 시간 간격으로 용기의 질량을 측정해 보았다. 48회에 걸친 실험에서의 질량 변화는 거의 실험 오차의 범위 내에 들어갔다. 조사 후 15종류의 모든 화학반응에서 전체 질량의 변화가 일어나지는 않았다고 1908년에 보고했다.

현재는 이 란돌트의 실험으로 라부아지에가 주장한 의미로서의 '질량 보존의 법칙'은 최종적으로 증명된 것이라고 여겨지고 있다. 그러나 이 최종 결론은 란돌트의 생전에는 발표되지 못하고 사후에야 비로소 간행되었다.

란돌트 이전에도 정확한 천칭을 찾아 헤맨 사람이 있었다. 그러나 질량 보존의 법칙을 증명할 목적으로 그 천칭을 만들고 측정한 사람은 없었다.

란돌트의 연구의 승패가 전적으로 천칭의 정밀도에 달려 있었다는 것은 두말할 나위가 없다. 그는 이 목적에 적합한 천칭을 찾아서 독일, 영국, 프랑스를 여행하고 다녔다. 결국 빈의 루프레히트라는 천칭업자에게 부탁하여 당시로서는 가장 정교한 것을 만들게 했던 것이다.

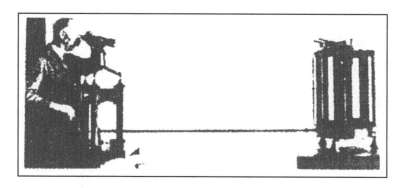

란돌트의 천칭

천칭을 공기 조절이 된 방에 두고, 잴 대상물의 천칭의 접시 위에 놓은 다음에는 측정자가 천칭에 접근할 필요가 없으며, 모든 조작(이를테면 추의 증감)은 3m쯤 떨어진 곳에서 원격조작으로써 할 수 있었다. 눈금은 망원경으로 관측했다. 또 교통 등에 의한 진동을 최소한으로 억제하기 위해 측정은 모두 한밤중에 실시했다.

란돌트 자신은 27,000회의 측정을 한 결과, 이 천칭의 정밀도가 아주 훌륭하다는 것을 확인했다. 화학이 하나의 학문으로서 확립되어 발전해 가는 과정에서는 란돌트와 같이 힘든 일을 하는 견실한 사람도 필요하다.

9. 아인슈타인의 식

란돌트가 17세기부터 19세기에 걸쳐서 자연과학을 지배한 뉴턴(I. Newton, 1642~1727)의 물리학의 범위에서 질량 보존의 법칙을 증명하고 있는 동안에, 아인슈타인은 상대성이론에 바탕을 둔 전혀 새로운 질량에 대한 견해를 제안하고 있었다.

1905년, 아인슈타인은 질량과 에너지는 등가(等價)라는 것을 지적했다. 어떤 일정한 양의 에너지와 질량의 관계는 '아인슈타인의 식($E = mc^2$)'으로 나타낸다. 여기서 E는 에너지(단위는 J: 줄, $4.18J = 1cal$), m은 질량(kg), c는 광속도($2.9979 \times 10^8 ms^{-1}$)이다.

질량 보존의 법칙에 따르면 물질은 만들어지거나 없어지지 않으며, 다만 다른 형태의 것으로 변환하는 데에 지나지 않는다. 그러나 아인슈타인에 따르면 물질을 에너지로 변화하게 하는 것도, 또 에너지를 물질로 바꾸는 것도 가능하다. 에너지 E의 변환에 의해서 얻어지는 물질의 질량 m 또는 에너지 E로 변환할 수 있는 물질의 질량 m은 아인슈타인의 식으로 얻을 수 있다.

아주 큰 에너지가 방출되기 때문에 검지할 수 있을 정도의 질량의 감소가 실제로 일어나는 예를 두 가지만 들어 보기로 하자.

원자핵을 만드는 양성자나 중성자의 질량을 나타내는 데는 ^{12}C 원자(질량 수가 12인 탄소, 원자량의 기준으로 선정되어 있다) 질량의 1/12을 단위로 하며 u로써 표기하는데, 이것을 '원자질량단위(atomic mass unit)'라하며 1u는 $1.6606 \times 10^{-24}g$이다.

전자, 양성자 및 중성자의 질량을 원자질량단위로 적으면 다음 표와같다.

	기호	질량
전자	$_{-1}^{0}e$	0.000549u
양성자	$_{1}^{1}p$	1.007276u
중성자	$_{0}^{1}n$	1.008665u

원자핵의 질량은 그것을 구성하는 양성자와 중성자 질량의 합보다 작다. 원자핵을 구성하는 양성자와 중성자 질량의 합으로부터 원자핵의 질량을 뺀 것을 '질량결손(質量缺損)'이라고 한다.

양성자와 중성자로부터 안정된 원자핵이 생성될 때는 지극히 큰 에너지를 방출하기 때문에, 검지할 수 있을 정도의 질량 감소가 일어난다. 질량결손은 원자핵의 '결합에너지'를 질량으로 나타낸 것이라고 말할 수 있다.

헬륨 원자는 2개의 전자를 가지며, 원자핵은 2개의 양성자와 2개의 중성자로 이루어져 있으므로 질량은

$$2 \times 1.007276u + 2 \times 1.008665u + 2 \times 0.000549u = 4.03298u$$

가 될 것이다.

그런데 헬륨 원자 $_{2}^{4}He$의 질량은 4.00260u이다. 따라서 헬륨 원자의 질량결손은

$$4.03298u - 4.00260u = 0.030338u$$

가 된다. 이것을 헬륨 1mol(몰)로 환산하면 652,136kcal/mol이 된다. 보통의 화합결합 에너지가 100kcal/mol임을 감안하면, 이 값이 얼마나 큰 것인지 알 수 있을 것이다.

핵분열이나 핵융합 때도 질량 감소가 일어난다. 우라늄 1mol의 핵분열에 의해서 약 4.5×10^9kcal/mol의 열이 발생한다. 이것은 같은 무게의 석탄의 연소에 의한 발열량의 약 200만 배다. 이만한 대량의 발열을 수반하는데도 불구하고, 우라늄의 분열에 의한 질량 감소는 고작 0.1%이다.

가벼운 원자핵이 핵융합을 하여 보다 무거운 원자핵이 될 때는 더 큰 질량 감소를 볼 수 있다. 4개의 수소 원자핵이 헬륨의 원자핵을 만드는 반응은 태양에너지의 주된 근원이다. 이때 질량 중 약 0.7%가 감소하여 에너지로 바뀐다.

핵융합폭탄(수소폭탄)에 이용되는 반응 중의 하나인 중수소 ^2_1H와 삼중수소 ^3_1H의 융합반응

$$^2_1H + ^3_1H \rightarrow\ ^4_2He + ^1_0n$$

에서는 (^1_0n은 중성자를 나타낸다) 질량의 0.4%가 에너지로 전환된다.

제2장

보일-샤를의 법칙

〈보일의 펌프〉

공기는 압축하는 힘에 비례하여 수축했다.

보일

모든 기체 및 증기는 다른 조건이 동일하다면 동일한 온도 상승에 대해
같은 비율로 팽창한다.

게이뤼삭

판헬몬트에 의해 개척된 물질의 정량적(定量的)인 취급은 과학의 연구 가운데서 차츰 중요한 위치를 차지해 갔다. 실제로 처음에 매우 조심스러웠던 측정 기술의 대상은 기체의 부피였다.

보일(R. Boyle, 1627~1691)은 기체의 부피는 압력에 반비례한다는 것을 발견했다. 기체의 부피와 온도의 관계는 샤를(J. A. C. Charles, 1746~1823)과 게이뤼삭(J. L. Gay-Lussac, 1778~1850)에 의해서 발견되었다. 이 두 가지 관계를 통합하여 보일-샤를의 법칙이라고 한다.

보일-샤를의 법칙은 단순히 기체의 부피를 계산하기 위해서만 사용된 것은 아니었다. 실험의 정밀도가 높아짐에 따라서 실제 기체의 변화가 보일-샤를의 법칙에서 벗어난다는 사실이 밝혀졌다. 이것이 실마리가 되어 기체의 액화(液化)에 관한 이론과 기술이 발전했다.

한편 기체의 분자운동을 역학적으로 다루는 기체분자운동론(氣體分子運動論) 19세기 말에 등장했다. 이에 따르면 보일-샤를 법칙이 성립된다는 것을 알게 되었다. 이것은 실험적인 증명이 없는 원자설에 대한 강력한 뒷받침이 되었다.

보일-샤를 법칙은 묽은 용액이나 콜로이드 용액에도 성립된다. 이 법칙은 물질의 세계를 지배하고 있는 가장 기본적인 법칙 중 하나다.

1. 토리첼리의 진공

공기에는 무게가 있기 때문에 지상에 있는 물체는 우리 자신을 포함하여 대기가 미치는 압력을 받고 있다. 인간이 이 사실을 깨달은 것은 약 300년도 더 전인 17세기 중엽이었다.

이 문제의 또 다른 실마리는 아리스토텔레스의 사상을 지지하는 사람과 반대하는 사람들 사이의 논쟁이었다. 아리스토텔레스는 "자연은 진공을 싫어한다."라고 주장했다. 그에 따르면 펌프로 물을 퍼 올릴 수 있는 것은 자연이 진공을 싫어해 펌프에 의해 물이나 공기가 밀려서 생긴 틈새로 물이 끼어들기 때문이라고 한다.

그런데 '지동설(地動說)'을 제창하여 고대의 권위에 반항한 갈릴레이 (G. Galilei, 1564~1642)는 아무리 펌프를 작용시켜도 물을 약 10cm 이상으로는 빨아올릴 수가 없다는 것을 알았다. 만약 자연이 정말로 진공을 싫어한다면 10cm보다 아래쪽에서도 물을 빨아올릴 수 있는 것이 아닐까 하고 생각했다.

이 의문을 밝히려고 갈릴레이의 제자인 이탈리아의 토리첼리(E. Torricelli, 1608~1647)는 물 대신 수은을 사용하여 실험을 했다.

(i) 한끝을 닫은 유리관(길이 약 1m)에 수은을 채운다.

(ii) 끝을 열과 손가락으로 누르면서 조용히 뉘어서 열린 주둥이를 수은이 채워진 요기 속에 삽입하여 관을 거꾸로 세운다.

(iii) 손가락을 떼면 관 속의 수은 면이 내려가서 약 76cm 위인 곳에서 멎는다.

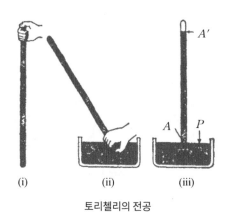

 토리첼리의 전공

토리첼리는 이 실험 결과를 다음과 같이 정확하게 해석했다.

(i) 관 속은 진공이므로 A'에 공기의 압력이 가해져 있지 않다.

(ii) 수은 면에는 공기의 압력 P가 가해져 있다.

(iii) 관 속의 A 위치에 있는 수은에 가해지는 압력은 수은 면에 가해지는 압력

과 같다.

(iv) 수은주 AA'의 중력이 공기의 압력 P와 평행하고 있다. 관 상부에 생긴 진

공은 '토리첼리의 진공'이라고 불리게 되었다.

2. 파스칼의 실험

토리첼리의 실험을 알게 된 뒤에도 아리스토텔레스파는 그대로 낡은

생각에 매달려 있었다. 그러나 프랑스의 파스칼(B. Pascal, 1623~1662)의

실험이 아리스토텔레스파의 숨통을 끊어 놓았다.

파스칼의 실험

토리첼리는 수은주의 높이는 약 76cm이지만 그날그날의 날씨에 따라서 약간의 차이가 있다는 것, 즉 그날의 기상과 관계가 있다는 것을 이미 알고 있었다.

만약 토리첼리의 수은주 높이가 기압, 즉 수은 면 위에 있는 모든 공기의 질량을 나타내는 것이라면, 높은 산 위에서 같은 실험을 하면 수은 면 위에 있는 공기는 그 몫만큼 적기 때문에 수은주가 낮아질 것이라고 파스칼은 생각했다.

한편 아리스토텔레스파가 생각하듯이 자연이 진공을 싫어한다면 수은은 낮은 지대에서나 산 위에서나 같은 높이만큼 관 속에 남아 있을 것이다. 왜냐하면 자연은 저지에서나 높은 산꼭대기에서나 똑같이 진공을 싫어할 것이기 때문이다.

파스칼의 예상은 적중했다. 1647년에 파스칼은 높이 약 1,500m 퓌드 돔이라는 산꼭대기와 산기슭에서 동시에 토리첼리의 실험을 하여 기압, 즉 수은주의 높이가 산꼭대기에는 약 7.6cm 낮아지고 있다는 사실을 확인했다. 산 중턱에서도 같은 실험을 시도했다. 여기서는 수은주의 높이가 산 꼭대기에서의 높이와 산기슭에서의 높이의 중간이었다.

이리하여 파스칼은 기압이 대기의 압력에 의존한다는 것을 확인했다.

3. 마그데부르크의 반구

파스칼의 실험에 의해 사람들은 '기압'의 의미를 분명히 이해하게 되었다. 사람들이 '진공'을 실감한 것은 1654년 독일의 마그데부르크시의 시장이었던 게리케(O. von Guericke, 1602~1686)가 한 유명한 공개 실험 덕분이었다.

게리케는 반지름이 약 40cm인 2개의 구리로 만든 반구(半球) 2개를 딱 밀착하도록 만들게 했다. 두 반구 사이에는 기름을 먹인 가죽 고리를 끼웠다. 오늘날로 말하면 패킹이다. 한쪽 반구에는 밸브가 부착되고, 그 밸브를 통해서 게리케는 자기가 고안한 펌프를 사용하여 속의 공기를 뽑아냈다.

구는 딱 밀착돼 있어 16마리의 말이 양쪽에서 끌어당겨야 가까스로 두 반구를 떼어 놓을 수가 있었다. 밸브를 느슨하게 하자 쉿 하는 소리를 내며 공기가 세차게 속으로 빨려 들어가면서 구는 양손으로 당기기만 해도 2개로 떨어져 나갔다.

속이 진공으로 된 구에는 얼마큼의 압력이 가해져 있을까? 1기압은 약 $1kg$중(重)/cm^2, 또 구의 단면적 S는

마르데부르크의 실험

$$S = \pi r^2 \fallingdotseq 3.14 \times 40^2 \fallingdotseq 5026 (\text{cm}^2)$$

이므로 $1 \times 5026 = 5{,}026\text{kg}$, 즉 약 5톤의 압력이다. 5톤의 물체를 움직이는 데에 16마리의 말이 필요했던 것은 당연한 일이었다.

4. 보일의 법칙

토리첼리, 파스칼, 게리케 등의 실험 얘기를 전해 들은 영국의 화학자 보일은 자기도 같은 실험을 해 보기로 하고 이를 위해 성능이 좋은 공기펌프를 설계하여 제작했다.

그의 조수로 일했던 사람이 후에 유명한 화학자가 된 훅(R. Hooke, 1635~1703)이었다. 훅은 손재주가 뛰어났고, 그가 만든 공기펌프는 당시로서는 가장 성능이 우수하여 게리케의 펌프보다 뛰어났기 때문에 보일은

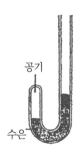

보일의 U자관

이것을 '기체 엔진'이라고 불렀다.

　보일은 공기에 무게가 있다는 것, 진공 속에서는 소리가 전파되지 않는다는 것 등을 이 공기 엔진을 사용한 실험으로 증명했다.

　가열한 물을 진공 속에 넣으면 끓기 시작한다는 것을 관찰해 끓는점과 압력 사이에 관계가 있다는 것을 발견한 것도 보일이었다. 보일의 발견은 1660년 출판한 『공기 엔진에 의한 새 실험』이라는 책에 설명되어 있다. 보일의 이들 실험과 그 설명에 만족하지 못했던 아리스토텔레스파는 보일에 대한 비판을 그치지 않았다. 그래서 보일은 이러한 비판들에 대답하기 위해 기체의 부피와 압력 사이의 관계를 조사했다.

　그는 수은을 사용하여 일정량의 공기를 U자관의 짧은 쪽에 밀폐하고, 입구가 벌어진 긴 쪽에서부터 수은을 부어 넣었다. 가해진 수은의 양이 증가함에 따라 밀폐된 기체의 부피가 감소했고, 공기에 가해지는 압력이 2기압이 되자 본래의 부피의 1/2로, 3기압의 되자 1/3의 부피로 감소했다.

　즉, 보일의 표현에 따르면 "공기는 압축하는 힘에 비례하여 수축했다."

보일은 밀폐되어 있는 공기에 가해지는 압력을 1기압보다 작게 했을 경우에도 부피는 압력에 반비례한다는 것을 제시했다. 이 경우 압력이 1/2이 되자 부피는 2배가 되었다.

기체의 부피 V와 압력 P의 곱은 일정하게 유지된다는 의미이므로 수식으로 나타내면 'P x V = 일정'이다.

(1) 공기원기둥의 길이 (임의의 단위)	(2) 수은면의 높이차 (인치)	(3) (2) + 대기압 ($29^1/_8$인치)	(4) 기체가 가리켜야 할 압력	(5) (1)과 (3)의 곱
12	0	$29^2/_{16}$	$29^2/_{16}$	349
10	$6^3/_{16}$	$35^5/_{16}$	35	353
8	$15^1/_{16}$	$44^3/_{16}$	$43^{11}/_{16}$	353
6	$29^{11}/_{16}$	$58^{13}/_{16}$	$58^2/_8$	353
4	$58^2/_{16}$	$87^{14}/_{16}$	$87^3/_8$	349
3	$88^7/_{16}$	$117^9/_{16}$	$116^4/_8$	353

공기의 압력-부피의 관계에 대한 보일의 실험 데이터

보일의 실험 결과를 정리해 보자. 표의 (1)은 공기 원기둥의 길이이고 단위는 임의다. (2)는 두 수은 면의 높이의 차로, 단위는 임의도 상관없지만 여기서의 단위는 인치다. (3)은 (2)의 값에 대기압(29$^1/_8$인치)을 가한 것으로 압력을 나타낸다. (4)는 압력이 부피에 반비례한다고 가정했을 때 기체가 가리켜야 할 압력이다.

(3)과 (4)의 일치가 거의 일치하므로 보일의 법칙이 성립된다는 것을 알 수 있다.

그러나 눈에 띄는 것은 'P × V = 일정'의 관계가 성립된다는 것이다. 그래서 (5)에서 (1)과 (3)의 곱을 나타내었다. 일치하는 상태가 좋다는 것은 한눈에 잘 알 수 있다.

보일은 부피를 조금씩 변화시켜 24점에 대해 부피와 압력의 관계를 구했다. 표의 데이터는 그 일부에 불과하다. 보일은 또 압력이 감소해 갈 때 기체의 부피 증가에 대해서도 마찬가지로 자세한 실험을 하고 있다.

5. 샤를의 법칙(게이뤼삭의 법칙)

보일도 기체의 부피와 온도의 관계를 생각했겠지만 분명하게 말하지는 않았다.

18세기가 되자 이 관계를 알아챈 과학자가 나타났다. 프랑스의 물리학자 샤를은 1787년에 "산소, 질소, 수소, 이산화탄소, 공기는 0°C와 80°C 사이에서 같은 비율로 팽창한다."라는 사실을 발견했다. 그런데 그는 그 결과를 한 번도 논문의 형태로는 발표하지 않았다.

기체의 부피와 온도의 관계를 가리키는 법칙을 처음으로 명백한 형태로 제시한 것은 또 다른 프랑스인인 게이뤼삭이었다.

게이뤼삭은 "모든 기체 및 증기는 다른 조건이 동일하다면 동일한 온도 상승에 대해 같은 비율로 팽창한다."라는 것을 실험으로 증명했다. 그는 공기 외에도 산소, 수소, 질소, 암모니아로부터 디에틸에테르에 이르기까지 광범위한 기체를 조사했다.

기체의 팽창을 측정하기 위해 게이뤼삭이 사용한 장치를 그림으로 살

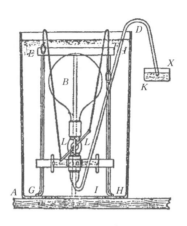

게이뤼삭의 장치

펴보자. 수은 위에 거꾸로 세운 플라스크 B에는 측정할 대상이 될 기체를 넣는다. 장치 전체를 끓는 물이 담긴 수조 속에 넣으면 기체의 일부는 구부러진 유리관 ID를 통해서 빠져나간다. 관 안의 수은 면이 수은 저장 통 속의 수은의 표면과 같은 높이에 달하면 관을 제거하고, 수조에 얼음물을 넣는다. 기체가 식으면서 부피가 감소하기 때문에 수은의 일부가 플라스크 목 부분으로 올라간다. 미리 새겨둔 눈금으로 기체 부피의 감소를 알 수가 있다.

게이뤼삭의 측정 따르면 0℃에서 100℃로 온도가 상승하자 기체의 부피는

공기 100 → 137.5

수소 100 → 137.52

산소 100 → 137.49

질소 100 → 137.49

가 되었다.

게이뤼삭은 또 기체와 증기의 팽창이 같은 변화를 나타내는지에 대해서도 조사했다. 실험에 따르면 기체와 증기는 같은 비율로 팽창했다.

그의 측정에 따르면 이들 기체의 부피는 0℃에서 100℃로 온도가 상승하면 본래 부피의 1,375배가 된다. 이 값도 충분히 정확한 것은 아니었으며, 나중에 다른 사람이 한 측정에 의하면 이 값은 1.366으로 확인되었다.

0℃에서 100℃가 되면 1.366배가 된다고 하는 것은 0.366만큼 커졌다는 것을 뜻한다. 따라서 1℃의 온도 상승에서는 0.00366만큼 커진다.

즉, 팽창계수는

$$0.00366 ≒ \frac{1}{273}$$

이다.

기체의 팽창에 대한 관계 공식을 정리하면

$$V = V_0 \left(1 + \frac{t}{273} \right)$$

의 형태가 된다. 여기서 V_0은 최초의 부피이고 t는 온도 차(℃)를 나타낸다.

◆ 샤를과 게이뤼삭의 공중 비행

샤를도 게이뤼삭도 현재는 기체에 관한 법칙을 통해서 잘 알려져 있지만, 당시 그들은 기체를 연구하는 착실한 과학자가 아니라 시대의 첨단을 달리는 기구(氣球) 제작자 혹은 기구 승무원으로 유명했다. 지금으로 말하면 인기 있는 우주비행 기술자이자 우주비행사였다.

1783년 가을, 프랑스의 몽골피에 형제(J. M. Montgolfier, 1740~1810; J. Montgolfier, 1745~1799)는 열기구를 띄우는 데 성공했다. 두 사람을 태우고 약 25분간이나 파리를 횡단한 것이 최대 기록이었다. 그러나 기구 밑에서 불을 피워 부력을 조절한다는 것은 위험하기 짝이 없는 데다 기구를 조종하는 방법도 알려져 있지 않았다.

이런 문제들을 해결해 달라는 민간 유지들의 부탁을 받은 샤를은 공기보다 가벼운 기체로 캐번디시가 발견한 수소를 기구에 채우기로 했다. 이 아이디어를 생각해 낸 사람은 그 외에도 몇 사람이 있었지만, 수소를 기구에 밀폐하는 일이 어려웠다.

샤를은 기구를 비단 천으로 만들고, 갓 발명된 기술, 즉 고무를 녹여 천에 발라서 말리면 천이 불투과성(不透過性)이 되는 방수천의 제조 원리를 응용하기도 했다. 또 샤를은 모래주머니, 내림 밧줄, 기체를 뽑아내는 밸브 등 '기구조종술'이라고 할 만한 것을 연구했다. 기구를 감싸는 그물과 그것에 매어 달 곤돌라도 준비했다.

샤를의 기구는 몽골피에 형제의 기구보다 더 늦은 1783년 말에 완성되어 40만 관중이 지켜보는 가운데서 조용히 하늘로 올라갔다. 샤를과 또

비오와 게이뤼삭

한 사람의 동승자는 기구의 고도를 어느 정도 제어해 가면서 날아갈 수 있었다. 일단 땅에 내렸다가 샤를은 다시 혼자 기구에 올라탔다. 가벼워진 기구는 약 3,000m나 상승했다.

그 후 차츰 기구가 발달했다. 프랑스 혁명 이후의 프랑스와 유럽 여러 나라 사의의 전쟁에서는 정찰용 군사 기구가 나타났다. 그러나 위험하다는 점과, 조작이 곤란한 점이 기구 이용의 커다란 제약이 되었다.

1804년, 지구자기(地球磁氣)의 측정, 고공에서의 공기의 성공 분석 등 순수하게 학술적인 목적으로 기구를 띄우게 되었다. 나폴레옹이 이집트 원정용으로 준비했던 기구 중에서 전쟁으로 소실되지 않았던 나머지 기구가 이 시험에 사용되었다.

탑승자로 선정된 것은 게이뤼삭과 전기 및 자기 연구로 유명한 비오(J. B. Biot, 1774~1862)였다. 두 사람은 여러 가지 과학기구와 함께 기구를 타고 4,000m 고도에 달했다. 이 고도에서도 지구자기의 측정값에는 눈에 띌만한 변화는 나타나지 않았다.

이것에 만족할 수 없었던 게이뤼삭은, 이번에는 혼자서 기구를 타고 체공 6시간, 7,016m 고도에 달했다. 게이뤼삭은 이때의 일을 다음과 같이 말하고 있다. "최고점인 7,016m에 도달했을 때, 나는 호흡이 몹시 가빴다. 그러나 내려갈 수 없을 만큼 기분이 나쁘지는 않았다."

6. 우리의 실험

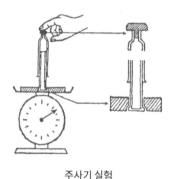

주사기 실험

(a) 보일의 법칙

● 준비물

주사기(단면적 약 1cm²)

저울(최대 중량 약 5kg)

유동파라핀

● 실험 방법

주사기에는 안 통과 바깥 통 틈새에 유동파라핀을 발라 잘 미끄러지게 한다. 주사기를 그림과 같이 저울에 거꾸로 세우고, 주사기에 공기를 반쯤 넣고 손가락으로 끝을 꽉 누르면서 힘을 가한다.

저울의 지침이 흔들리고 주사기 안의 공기 부피도 감소한다. 저울의 눈금과 주사기의 눈금을 기록한다.

주사기 안 공기의 압력은 저울의 지수(다만 주사기의 질량을 뺀 것)에, 주사기 안 공기의 부피는 주사기의 눈금에 비례하기 때문에 보일의 법칙에 의해서

(주사기의 질량을 뺀 저울의 지수) × (주사기의 눈금) = 일정

이 성립하게 될 것이다.

커다란 압력이 손가락 끝에 가해지기 때문에 주사기의 끝을 꽉 막을 수 있는 뚜껑을 준비하면 좋다. 또 안통의 저울에 얹히는 부분을 적당히 공작하여 서 있을 수 있게 해 두면 실험하기가 쉽다.

(b) 샤를의 법칙

● 준비물

가스 뷰렛(100ml용)

메스실린더(1,000ml)

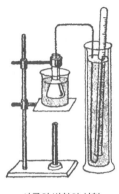

샤를의 법칙의 실험

비커(1,000ml)

삼각플라스크(125ml 정도)

유리관(그림 참조)

스탠드 버너

● 실험 방법

다음 그림처럼 유리관 한쪽을 40℃의 따뜻한 물을 채운 메스실린더에 넣는다. 이 유리관 위에 덧씌우듯이 가스 뷰렛을 삽입한다. 유리관의 다른 한쪽 끝에 고무마개를 부착하고 이것을 삼각플라스크와 연결한다. 삼각플라스크를 스탠드에 고정하고 물을 채운 비커에 목까지 담근다.

첫 상태에서의 기체 부피는 뷰렛을 들어 올려 뷰렛 안의 물의 수면과 실린더의 수면을 일치시킨 상태에서(즉 대기압과 일치시켜) 읽는다. 물중탕(1,000ml짜리 비커)의 수온도 동시에 기록해 둔다.

물중탕을 버너로 가열하면 플라스크 안의 공기가 가열되어 팽창하여 가스 뷰렛으로 보내어진다. 물중탕의 온도가 5℃ 상승할 때마다 가스 뷰렛 안의 공기 부피를 대기압 아래에서 측정한다. 데이터가 7점에서부터 9점 정도 얻어질 것이다.

● 고찰

데이터를 다 측정했으면 장치를 물로 채우고, 그 물을 비커로 옮겨 질량을 측정함으로써 장치 안의 공기 부피 V'를 구한다. 각 온도에서의 공기 부피 V는 이 V'에 각 온도에서 뷰렛의 부피 증가를 더한 것이다.

V와 물중탕 온도를 표로 하면 거의 직선이 얻어진다. 이 그래프로부터 0℃일 때의 부피 V_0을 구한다.

임의의 온도에서의 데이터를

$$V = V_0(1 + \alpha t)$$

에 대입하여 α를 구한다. 공기의 누설 등이 없으면 α로서 1/265~1/285 정도의 값이 얻어질 것이다.

7. 절대온도와 기체의 상태방정식

저온에는 한계가 있을지 모른다는 것은 이미 돌턴(J. Dalton, 1766~1844)도 알고 있었다. 기체의 부피는 샤를의 법칙에 의하면 온도와 더불어 점점 감소한다. 47쪽의 공식에서 t = -273일 때 부피는 0이 된다. 이 이상 낮은 온도, 즉 기체의 부피가 마이너스가 될 수 있는 온도는 없으므로

-273℃가 가장 낮은 온도다. 이 온도를 절대영도(絶對零度)라고 한다.

　이 온도를 기준으로 하여 섭씨온도와 같은 온도눈금을 제안한 사람이 영국의 물리학자 톰슨(W. Thomson, 1824~1907)이었다. 그는 나중에 귀족의 작위(爵位)를 받아 켈빈(Kelvin) 경(卿)이라고 불리게 되었기에 이 온도눈금은 '켈빈 온도눈금'이라고 불린다. 우리가 물리학이나 화학에서 사용하고 있는 절대온도는 바로 이 켈빈온도이다. 켈빈온도 T와 섭씨온도 t의 관계는

$$T = t + 273.15$$

로서 나타낸다. ℃로 나타내는 섭씨온도와 구별하기 위해 켈빈온도는 K로 나타낸다(°는 붙이지 않는다). 이 온도눈금에 따르면 얼음이 녹는점(융점: 0℃)은 273.15K이고, 물이 끓는점(100℃)은 373.15K가 된다.

　부피와 켈빈온도의 관계는 47쪽의 공식

$$V = V_0\left(1 + \frac{t}{273.15}\right)$$

에서 t = T − 273.15로 두면

$$V = V_0 T / 273.15$$

이를 고쳐 쓰면

$$\frac{V}{T} = \frac{V_0}{273.15}$$

이 된다.

V_0은 첫 상태에서의 기체의 부피이므로 일정한 값이다.

즉,

$$\frac{V}{T} = 일정$$

이 된다. 이것과 보일의 법칙(PV = 일정)을 정리하면

$$\frac{PV}{T} = 일정$$

이 된다.

이 정리된 형태를 '보일-샤를의 법칙'이라고 한다. PV/T의 값은 최초에 얻은 기체가 어느 정도인가에 따른다. 1mol의 기체는 표준 상태(0°C, 1기압)에서 22.4l를 차지하기 때문에 이 값을 위의 식에 대입하면

$$\frac{PV}{T} = R = \frac{1(기압) \times 22.4(l/mol)}{273(K)}$$
$$= 0.082(l \cdot 기압/K \cdot mol)$$

이 된다. 기체 1mol에 대한 이 상수는 '기체상수'라고 불리며 R로 나타낸다.

보일-샤를의 법칙을 기체 상수를 사용하여 나타내면 하나의 식이 얻어진다. 이것은 네덜란드의 물리화학자 판트호프(J. H. van't Hoff, 1852~1911)가 제시했다.

n mol의 기체가 차지하는 부피와 압력, 온도의 사이에는

$$\frac{PV}{T} = nR$$

의 관계가 있다. 이것을 고쳐 쓰면

$$PV = nRT$$

가 된다. 이 식은 '기체의 상태방정식'이라고 불린다. 상태방정식을 사용하면 임의의 양의 기체에 대해서 온도, 압력, 부피의 어느 두 가지가 결정된 경우 나머지 한 가지도 결정할 수가 있다.

8. 이상기체와 실제 기체

1837년경에 스웨덴의 뤼드베리(J. R. Rydberg, 1800~1839)는 여러 가지 실험을 통해서 얻은 결과로부터 오랫동안 옳다고만 생각되어 왔던 게이뤼삭의 팽창계수 0.00375가 좀 과대하다는 것을 알아챘다.

게이뤼삭이 기체의 건조 상태 등 그 밖의 주의가 부족했을 것이라고

생각한 뤼드베리는 세심한 주의를 기울여 측정했다. 그 결과 그는 게이뤼삭이 얻은 값보다 상당히 작은 0.00365라는 값을 얻었다.

또 독일의 마그누스(H. G. Magnus, 1802~1870)는 뤼드베리의 실험을 보다 세심한 주의를 기울여 다시 살핀 후, 공기의 팽창계수가 뤼드베리가 얻은 그대로라는 것을 확인했다.

그러나 마그누스의 실험은 다른 커다란 문제를 야기했다. 기체의 팽창계수는 게이뤼삭이 생각했듯이, 기체의 종류에 따라서 바뀌는 것은 아니었다.

마그누스의 측정 결과에 따르면 팽창계수는

공기 0.00366508　　이산화탄소 0.00369087

수소 0.00365659　　이산화황 0.00385618

이다.

이 발견을 계기로 하여 실제의 기체는 엄밀하게는 보일-샤를의 법칙을 따르지 않는다는 것이 밝혀졌다. 그래서 보일-샤를의 법칙을 완전하게 따를 만한 기체를 가정하고, 그것을 '이상기체(理想氣體)'라고 부르게 되었다. 실제 기체의 행동은 이상기체와의 행동과는 약간 다르다. 그 원인은 기체분자 간의 인력과 기체분자의 부피에 의한 것임이 차츰 밝혀졌다.

기체의 압력을 높여 가면 보일의 법칙에 의해서 부피가 작아진다. 그러나 기체분자의 수는 변화하지 않으며, 그 진짜 부피도 변화하지 않기 때문에 기체분자 사이의 거리가 점점 작아지고, 또 기체분자의 진짜 부피의 기체가 차지하고 있는 부피 속에서의 비율이 차츰 커지게 된다. 이 때문에 이 기체의 성질은 이상기체가 나타내야 할 성질로부터 점점 벗어나게 된다. 즉 상태방정식과의 차이가 차츰 커진다.

온도에 대해서도 같은 현상이 나타난다. 온도가 내려가면 기체의 부피는 샤를의 법칙에 따라 작아진다. 점점 기체분자 간의 인력이나 기체분자의 진짜 부피의 효과가 나타나서, 이상기체로부터의 차이가 나타나게 된다.

요컨대, 한 기체에 대해서는 압력이 낮고 온도가 높을수록 이상기체의 상태에 가깝고, 반대로 압력이 높고 온도가 낮을수록 이상기체의 성질로부터 벗어나는 것이 두드러진다.

1873년에 네덜란드의 반데르발스(van der Waals, 1837~1923)는 이 두 가지 효과를 보정(補正)한 '실제 기체의 상태방정식'을 제안했다. 반데르발스의 방정식

$$\left(P + \frac{a}{V^2}\right)(V - b) = RT$$

또는

$$\left(P + \frac{an^2}{V^2}\right)(V - nb) = nRT$$

에서 a, b는 기체에 따라서 달라지는데, 이 a, b를 고려하면 상태방정식은

넓은 온도·압력 범위에서 성립되었다.

	a(기압 · l^2/(mol)^2)	b(l/mol)
He	0.034	0.0237
O_2	1.36	0.0318
CO_2	3.59	0.0427

반데르발스의 방정식의 상수

헬륨처럼 작고 점대칭성(點對稱性)이 좋은 원자는 이상기체에 가깝기 때문에 a, b의 값이 양쪽 다 작지만, 이상기체와의 차이가 큰 이산화탄소에서는 a, b가 크다. 특히 헬륨과 비교하여 a의 값이 큰 것은 이산화탄소의 분자 간 인력이 헬륨 원자 간의 인력에 비해서 훨씬 크다는 것을 가리킨다.

9. 기체분자운동론

고무풍선을 눌러서 들어가게 하는 데는 힘이 필요하다. 이것은 속에 들어 있는 기체가 고무의 벽에 힘을 미치고 있기 때문이다. 19세기 중엽까지 이 힘은 기체분자끼리의 반발 때문이라고 생각되었다.

그러나 다른 견해도 있었다. 스위스의 베르누이(D. Bernoulli, 1700~1782)는 기체분자는 서로 무관하게 운동하고, 서로 충돌하거나 벽에 충돌하는 것이라고 생각했다. 완전 탄성 충돌(충돌을 해도 운동에너지의 변화가 없다)을 하므로 기체분자는 같은 속도로 운동을 계속한다.

베르누이의 이 발상은 오랫동안 아무도 관심을 보이지 않았으나, 열의 본성을 알게 되면서 베르누이의 견해가 옳다는 것을 인정하게 되었다.

독일의 크뢰니히(K. A. Krönig, 1822~1879)와 클라우지우스(R. J. E. Clausius, 1822~1888)는 베르누이의 생각을 발전시켜 '기체분자운동론'을 완성했다.

그들은 기체에 관해서 다음과 같은 가정을 세웠다.

(i) 기체는 수많은 분자로 이루어져 있고, 그 분자의 크기는 분자 간의 거리나 용기의 부피에 비해서 작으므로 무시할 수 있다.

(ii) 분자는 끊임없이 무질서한 운동을 하고 있다.

(iii) 분자와 분자 및 분자와 벽의 충돌은 완전탄성이다. 즉 충돌을 해도 분자의 운동에너지는 변화하지 않는다.

그런데 일정한 부피의 용기 속에 일정한 수 N개의 기체분자(질량 m)가 일정한 속도 u로 뛰어다니고 있는 모형을 생각해 보자.

한 변의 길이가 l인 정육면체 속에 기체분자 1개가 밀폐되어, 수평방향의 속도 u_x(속도 u의 x 방향 성분)로 뛰어다니고 있다. 이 분자는 왼쪽 벽에 충돌하여 다시 튕겨서는 오른쪽 벽에 충돌하는 등속운동을 반복하고 있다. 벽과 완전 탄성 충돌을 하므로 속도는 일정(u_x)하다.

기체분자에 의해 벽이 받는 힘은 단위시간 동안에 일어나는 운동량(질량×속도)의 변화로 계산할 수 있다. 좌향 속도를 u_x라고 하면 우향 속도는

$-u_x$이므로

(1회 충돌에 수반하는 운동량의 변화)

$= mu_x - (mu_x) = 2mu_x$

가 된다.

기체분자가 다시 튕겨서 왼쪽 벽에 한 번 충돌하는 데 걸리는 시간은 $2l/u_x$초이므로 1초 동안에 기체분자가 왼쪽 벽에 충돌하는 그 역수인 $u_x/22l$(회)이다.

그러므로 왼쪽 벽이 1개의 기체분자에 의해서 받는 힘은

$$2mu_x \times \frac{u_x}{2l} = \frac{mu_x^2}{l}$$

이다. 압력은 단위면적 당의 힘이기 때문에 왼쪽 벽이 1개의 기체분자에 의해서 받는 압력은

$$\frac{mu_x^2}{l} \div l^2 = \frac{mu_x^2}{l^3} = \frac{mu_x^2}{V}$$

이다. 이 정육면체 속에 N 분자의 기체가 들어 있다면 왼쪽 벽이 받는 압력 P는

$$P = N \times \frac{mu_x^2}{V}$$

가 된다.

지금까지는 수평 방향의 충돌을 설명했지만, 충돌은 전후 방향(y 방향), 상하 방향(z 방향)으로도 일어난다. 따라서 P는 이 정육면체 속 기체의 압력이라고 보아도 된다. 그런데 속도 u는

$$u^2 = u_x^2 + u_y^2 + u_z^2$$

이며 또 기체분자의 속도는 어느 방향에서도 같으므로

$$u_x^2 = u_y^2 = u_z^2$$
$$u_x^2 = \frac{1}{3}u^2$$

이다. 이것을 P를 나타내는 식에 대입하면

$$P = \frac{Nmu^2}{3V}$$

라는 관계가 얻어진다. N, m, u는 모두 일정한 값이므로

$$PV = \frac{Nmu^2}{3} = 일정$$

이 된다. 이것이 바로 보일의 법칙이다.

또 기체분자의 운동에너지 $mu^2/2$는 온도(켈빈온도)에 의해서 결정되고 1mol의 기체에 대해서

$$\frac{Nmu^2}{2} = \frac{3}{2}RT$$

라는 관계가 있다. 그렇다면 앞의 식은

$$PV = \frac{Nmu^2}{3} = RT$$

와 같이 변형할 수가 있다. 이것은 1mol의 기체에 대한 상태방정식 바로 그것이다.

이리하여 보일과 게이뤼삭이 경험적으로 발견한 법칙을 역학적인 모형과 열역학(熱力學)에 관한 간단한 가정으로부터 이끌어 낼 수가 있었다.

이것은 원자설, 분자설에 대한 최초의 유력한 실험적 근거가 되었다.

제3장

돌턴의 원자설

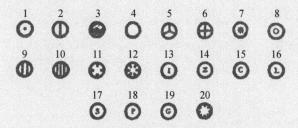

〈돌턴의 원소기호〉

1: 수소   2: 질소   3: 탄소   4: 산소   5: 인   6: 황   7: 마그네슘
8: 석회   9: 소다   10: 칼리   11: 스트론튬   12: 중정석   13: 철
14: 아연   15: 구리   16: 납   17: 은   18: 백금   19: 금   20: 수은

모든 원소는 일정한 질량과 크기를 갖는 원소로 이루어진다. 화합물은
다른 종류의 원소의 원자가 가장 간단한 수의 비로 결합함으로써 만들어
진다.

돌턴

20세기 후반에 태어난 여러분은 '원자'나 '분자'를 아무 저항감 없이 받아들일 수 있다. 그러나 원자설, 분자설을 완전히 수용한 것은 겨우 100년쯤 전의 일이었다. 그 이전까지 원자설은 철저히 부정당하거나 기껏해야 가설로서 가치가 인정되었을 뿐이었다.

원자설은 고대 그리스의 데모크리토스(Democritus, B.C. 470~400경)까지 거슬러 올라갈 수 있다. 그러나 고대 원자설은 말하자면 관념의 산물로서 근대 원자설이 지니는 실험적 기초를 지니고 있지 못했다.

1808년에 돌턴은 '원자량'을 지니는 원자설과 더불어 "화합물은 다른 원소의 원자가 가장 간단한 수의 비로 결합함으로써 만들어진다"라고 하는 '최단순성의 원리'를 발표했다.

이 돌턴의 최단순성(最單純性)의 원리는 1805년에 게이뤼삭이 발표한 '기체 반응의 법칙'과 모순된다. '기체 반응의 법칙'은 돌턴의 원자설을 부정하기는커녕 오히려 보강하는 것이었는데도, 돌턴은 이 견해를 받아들일 수가 없었다.

원자설 자체는 옳지만 실제의 물질에 대해서 사용할 때는 '분자'의 사고방식이 필요했다. 분자설이 등장하기까지 혼란은 계속되었다.

1. 고대 원자설과 그 부활

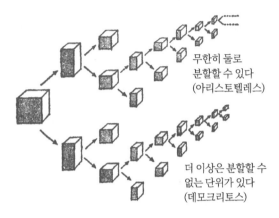

무한히 둘로
분할할 수 있다
(아리스토텔레스)

더 이상은 분할할 수
없는 단위가 있다
(데모크리토스)

원자설과 연속설

인간이 언제부터 "물질은 작은 입자로 이루어져 있다."라고 생각했는지는 모른다. 기록에 따르면 고대 그리스의 철학자 레우키포스(Leucippus, B.C. 450경에 활약)와 그의 제자 데모크리토스가 가장 오래된 원자론자다. 그들은 물질을 둘로 쪼개어 가면 더 이상 분할할 수 없는 작은 입자가 얻어진다고 주장하고, 그 최종적인 작은 입자를 '분할할 수 없다'는 의미에서 '아토모스(atomos)'라고 일컬었다. 우리는 이것을 원자(atom)로 부른다.

원자가 어떤 것이든 간에 물질이 원자로 구성되어 있다는 것을 인정한다는 것은 원자의 바깥쪽에는 아무것도 없다는 것을 인정하는 셈이 된다. 즉 공허(空虛), 진공을 인정하는 것이다.

고대와 중세를 통틀어 학문의 최고 존재로서 절대적인 권위를 지니고 있던 아리스토텔레스는 진공의 존재를 인정하지 않았다. 그는 "자연은 진공을 싫어한다."라고 주장했다.

아리스토텔레스의 강력한 반대 때문에 고대·중세를 통틀어 원자설은 그다지 사람들에게 알려지지 못했다. 그러나 고대 로마의 시인 루크레티우스(T. C. Lucretius, B.C. 95~55경?)는 〈사물의 본성에 관하여〉라는 장문의 시에서 데모크리토스 이래의 고대 원자설을 전개하고 있다. 그에 따르면

그리고 또 포도주가 체를 얼마큼 빠르게 흘러가는지를 본다.

그것에 반해 끈적한 올리브기름은 천천히 흘러간다.

그것은 어쩌면 커다란 아톰으로 이루어져 있기 때문이거나

아니면 몹시 구부러지거나 서로 휘감겨 있거나 하여

금방 아톰이 분산되어

하나씩 각각의 구멍을

꿰뚫고 나갈 수 없기 때문이다.

게다가 또 벌꿀이나 우유의 액체는

입으로 들어가서 혀에 즐거운 느낌을 준다.

이것에 반해 맛이 쓴 '황쑥'이니 싫은 수레국화는

그 싫은 맛과 향기로 얼굴을 찌푸리게 한다.

쉽게 알 수 있듯이 매끈하고 둥근 아톰으로 이루어져 있는 것이야말로

감각에 즐겁게 닿아 오는 것들이다.

이것에 반해 쓰고 또 맵게 생각되는 것은 모두

몹시 구부러지고 엉키고 휘감겨 있어

그렇기 때문에 어거지로 밀고 들어가

우리의 감각을 상하게 하고 몸을 찌르며 들어오는 것이다.

루크레티우스 『우주론』

루크레티우스는 낱낱의 물질, 이를테면 포도주나 벌꿀을 이루는, 더이상 분할할 수 없는 최종적인 입자를 가리켜 '원자'라고 부른다.

이것이 오늘날 우리가 말하는 분자에 가까운 것이리라. 어쨌든 간에 〈사물의 본성에 관하여〉는 꽤 많은 사람들 사이에서 사본으로 전해졌던 모양으로, 인쇄기 발명 이후에는 특히 널리 보급되어 아리스토텔레스의 사상에 불만을 느끼는 사람들에게 커다란 영향을 끼쳤다.

근대가 되어 아리스토텔레스의 권위가 쇠퇴하는 동시에 고대 원자설도 차츰 숨을 돌리기 시작했다. 뉴턴도 보일도 기본적으로는 원자설을 당연한 전제로 받아들였다고 할 수 있다. 그러나 고대 원자설이 이른바 '철학(사고방식)'이었으나 근대 원자설은 과학적인 기초를 지니지 않으면 안 되었다. 즉 그때까지 알려진 물질의 성질, 반응과 그 양적 관계를 잘 설명할 수 있을 만한 이론이 아니면 안 되었다. 그렇게 되면 원자설은 단순한 가설로서가 아니라 사실에 의해서 뒷받침되는 이론으로서 인정을 받게 된다.

아리스토텔레스의 권위가 실추되고부터 근대의 원자설의 성립하기까지 3세기라는 시간이 필요했던 것은 원자설의 바탕이 되는 화학 자체가 근대 초기에는 충분히 발달해 있지 않았다는 것이 커다란 이유 중 하나였다.

라부아지에의 '질량 보존의 법칙'이 확립되면서 근대 화학의 기초가 굳혀졌다. 그 전후로 기체에 관한 화학적 지식이 18세기 후반에 비약적으로 증대했다. 공기는 아리스토텔레스가 생각했던 것과 같은 원소가 아니라 혼합물이라는 것이 밝혀졌다. 그리고 산소, 수소, 질소 등이 잇따라 발견되었다. 이러한 진보가 배경이 되어 화학반응에서의 개개 성분의 양적 관계가 차츰 명확해지기 시작했다.

2. 정비례의 법칙과 배수 비례의 법칙

라부아지에가 질량 보존의 법칙을 확립한 지 얼마 후, 또 다른 프랑스인인 베르톨레(C. L. Berthollet, 1748~1822)는 물질의 조성에 관한 견해를 제시했다.

그에 따르면 어떤 한 화합물의 원소 조성은 그것이 만들어졌을 때의 조건에 따라서 지배된다. 그는 이를테면 철의 산화물에서 "일정한 질량의 철과 화합해 있는 산소의 질량은 연속적으로 변화하고 있다."라고 주장했다.

프루스트(J. L. Proust, 1754~1820)는 베르톨레가 예로 든 것을 정확하게 분석하고, 물질이 순수하면 "한 가지 물질은 일정한 조성을 갖는다."고 제시했다. 이를테면 염기성 탄산 구리 $CuCO_3 \cdot Cu(OH)_2$는 천연으로 산출된 것이나 인공적으로 만들어진 것이라도 동일한 조성을 가졌다는 것을 확인했다.

$CuCO_3 \cdot Cu(OH)_2$를 천천히 가열하면 물이, 더 맹렬하게 가열하면 이산화탄소가 방출되고, 그 뒤에는 흑색의 산화구리(II)CuO가 남는다.

$$CuCO_3 \cdot Cu(OH)_2 \xrightarrow{-H_2O} CuCO_3 \cdot CuO \xrightarrow{-CO_2} 2CuO$$

프루스트는 방출되는 물, 이산화탄소, 남겨진 산화구리를 분석하여 천연과 인공의 두 시료(試料)가 동일한 결과를 준다는 것을 확인했다.

산화철의 경우 확실히 조성이 변화했다. 그러나 충분히 정제한 물질을 사용하면 변화는 '불연속적'이었다. 산화철의 경우는 산화철(II) FeO나 43산화철(산화철 II, III) Fe_3O_4와 같이 다른 물질이었다. 그것들을 비교하면 일정량의 철과 화합해 있는 산소의 양이 각각 다르지만 띄엄띄엄하게, 즉 '불연속적'으로 변화한다. 베르톨레가 증명했노라고 생각했던 것의 정반대였다.

베르톨레와 프루스트의 논쟁은 1799년에 시작되어 몇 해 동안 지속됐지만, 결국 보다 정확한 실험 데이터를 계속하여 내놓은 프루스트의 승리로 끝났다.

프루스트는 특히 천연으로 산출되는 물질의 경우 외관이 다르고 산출 장소가 다르더라도 그 성분비는 항상 일정하다는 것을 강조했다. 이를테면 일본에서 산출되는 진사(辰砂) Hg_2S도 스페인산의 진사도, 시베리아산의 염화은 AgCl도, 페루산의 염화은도 동일한 조성을 갖고 있다.

프루스트가 1799년에 정리한 "주어진 하나의 화합물의 성분 원소의

일산화탄소 1분자	일산화탄소 2분자	일산화탄소 20분자
탄소 1원자와 산소 1원자로 이루어져 있다.	탄소 2원자와 산소 2원자로 이루어져 있다. 탄소 1원자와 산소 1원자와 같은 비율	탄소 20원자와 산소 20원자로 이루어져 있다. 탄소 1원자와 산소 1원자와 같은 비율
$\dfrac{탄소\ 1원자}{산소\ 1원자}$	$\dfrac{탄소\ 2원자}{산소\ 2원자} = \dfrac{탄소\ 1원자}{산소\ 1원자}$	$\dfrac{탄소\ 20원자}{산소\ 20원자} = \dfrac{탄소\ 1원자}{산소\ 1원자}$
물 1분자	물 2분자	물 15분자
수소 2원자와 산소 1원자로 이루어져 있다.	수소 4원자와 산소 2원자로 이루어져 있다. 수소 2원자와 산소 1원자와 같은 비율	수소 30원자와 산소 15원자로 이루어져 있다. 수소 2원자와 산소 1원자와 같은 비율
$\dfrac{수소\ 2원자}{산소\ 1원자}$	$\dfrac{수소\ 4원자}{산소\ 2원자} = \dfrac{수소\ 2원자}{산소\ 1원자}$	$\dfrac{스소\ 30원자}{산소\ 15원자} = \dfrac{수소\ 2원자}{산소\ 1원자}$

정비례의 법칙

질량비는 항상 일정하다.”라는 법칙은 ‘정비례의 법칙’ 또는 ‘프루스트의 법칙’으로서 알려지게 되었다. 정비례의 법칙이라는 영어(the law of constant composition)를 직역하면 ‘정조성(定組成)의 법칙’이 된다. 이 명칭이

명칭	분자식	1mol의 구성		질소 14g의 화합하는 산소의 양	
		질소	산소		
1산화2질소	N_2O	28g	16g	8g	(1)
1산화질소	NO	14	16	16	(2)
3산화2질소	N_2O_3	28	48	24	(3)
2산화질소	NO_2	14	32	32	(4)
4산화2질소	N_2O_4	28	64	32	(4)
5산화2질소	N_2O_5	28	80	40	(5)

질소의 산화물

오히려 법칙의 내용을 잘 나타내고 있다 하겠다.

정비례의 법칙이 인정되고 얼마 후에, 영국의 화학자 돌턴은 메탄 CH_4와 에틸렌 C_2H_4의 분자량을 구하던 차에 일정량의 탄소와 화합해 있는 수소의 양은 메탄의 경우 에틸렌의 2배라는 것을 알아챘다. 바꿔 말하면 일정량의 탄소와 화합하는 수소의 양은

메탄 : 에틸렌 = 2 : 1

이었다.

이 규칙성에 흥미를 느낀 돌턴은 다른 두 종류의 원소로서 이루어지는 한 쌍의 화합물, 일산화탄소 CO와 이산화탄소 CO_2를 조사해 보았다. 그 결과 일정량의 탄소와 화합해 있는 산소의 양은 다음과 같았다.

탄소 1원자 + 산소 1원자 = 1산화탄소 1분자

탄소 1원자 + 산소 2원자 = 2산화탄소 1분자

배수비례의 법칙
위의 반응에서 탄소 1원자와 반응하는 산소의 원자 수는 1:2로 되어 있다.

일산화탄소 : 이산화탄소 = 1 : 2

이와 같은 간단한 관계가 나타나는 이유는 어떤 법칙이 작용했기 때문
이라고 추리한 돌턴에게, 한 무리의 질소산화물에서 돌출해 낸 결과는 의
심할 여지가 없는 명확한 증거였다.

질소산화물에는 표에 나타낸 것처럼 조성이 다른 것도 몇 가지 있다. 이
들 화합물에 대해서 일정량의 질소와 화합하는 산소의 양은 1 : 2 : 3 : 4 : 5로
되어 간단한 정수 비로 되어 있다.

"두 종류의 원소 A, B가 화합하여 두 종류 이상의 화합물을 만들 때,
각 화합물에서 A의 일정량에 대한 B의 양은 간단한 정수 비를 이룬다."라
는 돌턴의 발견을 '배수(倍數)비례의 법칙'이라고 한다.

3. 돌턴의 원자설

서두에서 말했듯이 물질이 작은 입자로 이루어진다는 생각은 고대 그

리스에서 이미 싹트고 있었다. 돌턴 이전의 근대 화학자들도 많든 적든 간에 원자설적인 물질관을 지니고 있었다. 그러나 그들이 생각하는 원자는 운동을 하거나, 충돌을 하거나 또는 질량이나 부피를 갖는 것으로 특징 지어지는 물리적인 원자다.

돌턴의 착상의 독특성은 원자의 존재를 통해, 화학결합에 의해 생길 수 있는 물질의 구조를 설명할 수 있다는 점에 있다고 할 것이다. '물리적인 원자'에 대해서 돌턴이 생각한 원자는 다른 종류의 일정한 수의 원자와 화합하는 '화학적인 원자'였다.

'돌턴의 원자설'은 다음과 같이 요약할 수 있다.

(i) 모든 원소는 일정한 질량과 크기를 갖는 원자로 이루어져 있다.
(ii) 화합물은 다른 종류의 원소의 원자가 가장 간단한 수의 비례로 결합해 만들어진다.

돌턴이 원자설을 착상하기까지 과정은 많은 역사가에 의해 연구되어 있다. 이에 따르면 돌턴은 기체를 연구하고 있던 중에 기체를 종류에 따라서 일정한 크기와 질량을 갖는 입자(물리적인 원자)로 생각하게 되었다고 한다. 그렇다면 각종 입자의 질량(하나하나를 측정한다는 것은 지나치게 작아서 불가능하다 하더라도)은 어떤 비율로 이루어져 있을까? 이와 같은 고찰로부터 그는 원자의 질량비, 즉 상대적인 질량, '원자량'이라는 결론에 도달했던 것이다. 돌턴 이전의 사람들이 생각했던 원자와 돌턴이 생각한 원자의 최대의 차이는, 원자량을 가졌느냐 갖고 있지 않느냐에 있다고 볼 수 있다.

각종 원자의 원자량을 결정하는 데 있어서 돌턴은 두 가지 문제에 직면했다.

첫 번째 난점은 원자량의 문제였다. 개개 원자의 질량을 측정할 수는 없기 때문에 원자의 질량을 비교할 수밖에 없다. 즉 비례(상댓값)가 되지 않을 수 없다. 따라서 어떤 기준이 필요하다. 돌턴은 제일 가볍다는 것을 안 수소의 원자량을 1로 하는 기준을 취했다. 현재의 원자량의 기준은 $^{12}C = 12$인데, 이것은 기본적으로는 돌턴의 방식을 따른 것이다.

두 번째 난점은 두 종류 이상의 원소가 결합하여 된 화합물에는 두 종류의 원소가 어떤 비율로 섞여 있느냐를 알아내는 실험 방법이 없다는 점이었다. 실험으로 알 수 있는 것은 성분 원소의 질량 조성뿐이었다.

이 난점을 돌턴은 나중에 '최단순성의 원리'라고 부르게 된 그릇된 가정을 세움으로써 해결하려 했다.

이 원리에 따르면 두 종류의 원소 A와 B가 결합할 때는 원칙적으로 A, B 각 1개씩으로 이루어지는 화합물 AB가 생성될 것이었다. 당시 수소와 산소의 화합물은 오직 한 종류(물)밖에 알려져 있지 않았다. 돌턴은 물에 분자식 HO를 부여했다. 탄소와 산소의 경우처럼 두 종류의 화합물(CO, CO_2)이 알려져 있으면 그 원자 수는 1 : 1 및 그 다음으로 간단한 정수 비 1 : 2였다.

이 가정을 인정한다면 원자량을 산출하는 것은 쉽다. 물은 라부아지에에 따르면 산소 85%, 수소 15%로 이루어져 있다. 물은 이원(二元) 화합물

물질명	돌턴이 생각한 화학식	상대질량
수소	⊙	1
질소	◑	4.2
탄소	●	4.3
암모니아	⊙◑	5.2
산소	○	5.5
물	⊙○	6.5
인	⊗	7.2
일산화탄소	○●	9.8
이산화탄소	○●○	15.3
메탄	⊙●⊙	6.3
에틸렌	⊙●	5.3

돌턴이 1803년에 만든 기체와 그 밖의 물질의 원자량의 상대 질량

(HO)이므로 산소의 원자량은 85 ÷ 15 = 5.66이 된다. 이것은 후에 보다 정확한 분석값에 바탕하여 원자량이 7로 수정됐다(오늘날의 계산으로는 $H_2 = 1$로 하면 8이 될 것이다).

◆ 돌턴 이전의 원자론자

돌턴에 의해서 근대 원자설이 확립된 것은 확실하지만, 한편 그는 이전 시대 원자론자들의 사고방식에도 영향을 받고 있었다.

근세 초기의 화학자 베이컨(F. Bacon, 1561~1626)은 귀납법(歸納法)을 보급하는 공적을 세운 사람이다. 그는 자연이 원자로 이루어져 있다는 견해를 알고 있었다.

	연금술사가 사용한 기호	관련된 천체	돌턴의 기호 (1808년)	베르셀리우스의 기호 (1813년)
금	☉	태양	Ⓖ	Au
은	☽	달	Ⓢ	Ag
구리	♀	금성	Ⓒ	Cu
수은	☿	수성	✴	Hg
납	♄	토성	Ⓛ	Pb
철	♂	화성	Ⓘ	Fe
주석	♃	목성	Ⓣ	Sn

돌턴이 1803년에 만든 기체와 그 밖의 물질의 원자량의 상대 질량

보일도 원자론자였지만 한 가지 원소에 1개의 원자를 생각했던 것은 아니며, 그의 머릿속에 있었던 것은 루크레티우스가 생각했던 것과 같은 갖가지 크기와 형태를 지니는 원자였다.

뉴턴은 질량을 갖는 입자라는 개념을 크게는 천체로부터, 작게는 원자에까지 적용하였다. 뉴턴이 좀 더 화학에 힘을 기울였더라면 '원자량'이라는 개념을 떠올렸을지도 모른다.

이탈리아의 보스코비크(R. G. Boscovich, 1711~1787)는 원자를 크기가 없는 질점(質點)으로 생각했다. 일정한 크기와 질량을 갖는 돌턴의 원자와는 전혀 상반되는 원자이다.

고대나 중세의 연금술사들은 자신이 알고 있는 화학적 지식을 연금술사들에게 전해 주기 위해서가 아니라, 사람들이 그것을 알지 못하게 하기 위해서 일종의 화학 기호를 사용했다. 라부아지에 등의 근대 화학자들도

어느 정도 화학 기호를 사용했는데, 이들은 속기법 혹은 메모의 영역을 벗어나지 못했다. 돌턴은 원형(円形) 기호를 사용했는데, 이 화학 기호는 단순한 속기법과는 근본적으로 달랐다. 하나의 원형 기호는 단순히 한 종류의 원소를 나타낼 뿐만 아니라, 그 원소의 원자 1개와 대응하고 있었다. 따라서 화합물의 경우 구성 요소인 다른 원자를 그 수만큼 결합하여 나타냈다.

4. 게이뤼삭의 기체 반응의 법칙

돌턴의 원자설은 차츰 지지를 받아 갔다. 이 이론의 유력한 증거가 될 만한 사실을 프랑스 화학자 게이뤼삭이 발견했다. 이미 18세기 말에 캐번디시와 프리스틀리는 수소 1부피와 산소 1/2 부피가 화합하여 물이 생성된다는 것을 알고 있었다.

게이뤼삭은 기체의 반응이 모든 것에 대해서 정수 비가 인정되는 것인지 어떤지를 조사했다. 그가 조사한 다음 예

암모니아 : 염화수소 = 100 : 100
암모니아 : 3플루오린화 붕소 = 100 : 100

의 두 가지 반응에서는 모두 암모니아 1부피와 산성 기체 1부피가 화합하여 염을 만들었다. 오늘날의 화학식으로 쓰면

$$NH_3 + NCl \rightarrow NH_4Cl$$

$$NH_3 + BF_3 \rightarrow NH_3 \cdot BF_3$$

이 된다.

일산화탄소와 산소로부터 이산화탄소가 생기는 반응에서는 기체의 부피 사이에

일산화탄소 : 산소 : 이산화탄소 = 100 : 50 : 100

의 관계가 있었다. 이 반응은

$$2CO + O_2 \rightarrow 2CO_2$$

로 나타내어진다.

		산소	질소
1산화2질소	N_2O	100	49.5 ≒ 50
산화질소	NO	100	108.9 ≒ 100
2산화질소	NO_2	100	204.7 ≒ 200

질소산화물에서의 산소와 질소의 부피 조정

돌턴의 원자설의 근거로 사용된 질소산화물도 다르지 않다. 몇몇 질소

산화물이 생성될 때 반응하는 산소와 질소의 부피 비는 위의 표와 같다.

원형 기호는 쓰기가 번거로운 데다 인쇄상의 문제도 있어 널리 보급되지 못했다. 그러나 간단한 기호로 원자를 나타내려는 돌턴의 발상은 1811년에 소개되어 현재 사용하고 있는 원소기호나 화학식의 기초를 만든 베르셀리우스(J. J. Berzelius, 1779~1848)의 체계에 도입되었다.

이것들을 바탕으로 하여 1805년에 게이뤼삭은 "화학반응에서 기체 상태의 반응물 및 생성물의 경우 동일 조건에서 측정한 부피는 1 : 1, 1 : 2, 1 : 3과 같은 간단한 정수 비가 된다."는 법칙을 발표했다. 이것을 '기체 반응의 법칙'이라고 부르게 되었다.

게이뤼삭은 이 법칙이 정비례의 법칙에 관한 논쟁, 즉 일정량의 철과 화합하는 산소의 양은 연속적으로 변화하느냐, 아니면 띄엄띄엄한 불연속적인 값을 취하느냐 하는 논쟁의 문제점을 밝히는 동시에 돌턴의 원자설에 대한 증거가 되리라고 생각했다.

그런데 돌턴은 게이뤼삭의 제안을 환영하기는커녕 도리어 공격하고 나섰다. 기체 반응의 법칙은 다른 종류의 기체라도 같은 조건에서는 일정한 부피 속에 같은 수의 입자가 포함되어 있음을 의미했다. 돌턴은 이 견해를 받아들일 수가 없었다.

이 견해를 인정하면 기체 반응의 법칙과 돌턴의 원자설이 모순된다.

게이뤼삭의 관찰에 따르면, 일산화탄소와 산소로부터 이산화탄소가 생길 때 각 기체의 부피 비는

일산화탄소	+	산소	→	이산화탄소(관찰)
2부피		1부피		2부피

이었다. 그러나 돌턴의 화학식을 사용하여 이 반응식을 써 보면

●○	+	○	→	○●○(예상)
1부피		1부피		1부피

으로 일산화탄소, 산소 각 1부피로부터 이산화탄소 1부피가 발생할 터였다.

이 밖에도 여러 모순이 발견된다. 이처럼 돌턴의 사고방식으로는 수소와 산소로부터 수증기가 발생하는 반응, 질소와 수소로부터 암모니아가 발생하는 반응에 대해 잘 설명할 수가 없다는 사실을 알 수 있다.

제4장

아보가드로의 분자설

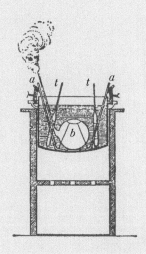

〈뒤마의 증기압 측정 장치〉

기체의 구성 단위는 2개 이상의 원자로 이루어져 있는 분자이다.
같은 온도, 같은 압력에서 같은 부피의 기체는 기체의 종류에 관계없이
같은 개수의 분자를 가진다.

아보가드로

돌턴의 원자설은 물질의 구조에 관한 수수께끼를 모조리 해명한 듯이 보였다. 그러나 원자설이 걸어온 과정은 결코 평탄하지 못했다. 원자설 자체에 불충분한 점이 있었다. 또 반대하는 과학자도 적지 않았다.

아보가드로(A. Avogadro, 1776~1856)는 1811년, 대부분의 기체에는 2개의 원자가 '분자'를 만들어 존재하고 있다고 가정할 때 게이뤼삭의 기체 반응의 법칙을 설명할 수 있다는 사실을 깨달았다. 원자설과 분자설의 조합은 물질의 구조 이론의 열쇠가 되는 것이었다. 그러나 당시 아보가드로의 가설에 주목하는 사람은 거의 없었다. 1860년대가 되어서야 칸니차로(S. Cannizzaro, 1826~1910)의 노력으로 아보가드로 가설의 장점이 인정됐고, 사람들은 원자량과 분자량을 구별하는 것의 중요성을 깨닫게 되었다.

한편 19세기 말의 과학자 중에는 인간의 지식이나 인식 능력에는 넘을 수 없는 한계가 있고, 원자나 분자의 실재는 인정되지 않는다고 말하는 사람도 적지 않았다. 특히 물리학자이자 철학자로서도 유명한 마하(E. Mach, 1838~1916)는 원자설을 맹렬하게 공격했다.

그러나 20세기 초 아인슈타인의 브라운 운동 이론과 페랭(J. B. Perrin, 1870~1942)의 실험을 통해 원자의 실재를 의심할 여지가 없다는 결론에 이르렀다.

1. 아보가드로의 가설

돌턴의 원자설과 게이뤼삭의 기체 반응 법칙은 본래는 서로 보완하여 물질의 성립을 밝히는 원자설과 분자설의 체계를 만들어야 할 성질의 것이었다. 그러나 돌턴이 기체 반응 법칙을 인정하려 하지 않았기 때문에 이탈리아의 화학자가 이들 영국인 화학자와 프랑스인 화학자 사이를 조정하는 중개 역할을 맡게 되었다.

이탈리아의 아보가드로는 돌턴의 원자설을 바탕으로, 게이뤼삭의 기체 반응 법칙을 설명하는 데 성공했다.

그는 기체의 구성 단위는 2개 이상의 원자로 이루어져 있는 분자이며, 기체분자는 서로 멀리 떨어져 있어서 서로 간에 인력을 미치는 일은 없다고 생각했다. 그렇게 생각하면 기체는 "같은 온도, 같은 압력 하에서 같은 부피의 기체는 기체의 종류와 관계없이 같은 개수의 분자를 가진다."고 할 것이다. 아보가드로의 이 가정을 가리켜 '아보가드로의 가설'이라고 한다.

아보가드로의 가설을 인정하면 기체 반응 법칙을 설명할 수 있다.

암모니아는 질소 1원자와 수소 3원자로 이루어져 있고, 수소 3분자와 질소 1분자로부터 암모니아 2분자가 생성될 것이다. 이것을 오늘날의 화학식으로 나타내면

$$N_2 \quad + \quad 3H_2 \quad \rightarrow \quad 2NH_3$$
$$\text{질소} \qquad \text{수소} \qquad \text{암모니아}$$

가 된다.

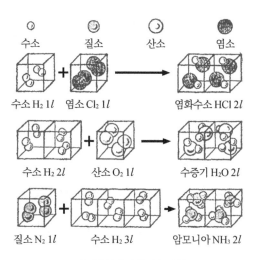

게이뤼삭의 기체 반응 법칙

실제로도 질소 1부피와 수소 3부피로부터 암모니아 2부피가 생성된다. 다른 기체의 반응도 마찬가지로 설명할 수 있다.

아보가드로의 가설이 갖는 또 하나의 이점은 원자의 상대 질량, 즉 원자량을 결정할 수 있는 점이다.

이를테면 공기의 밀도를 1.00000으로 했을 때의 산소와 수소의 밀도는

산소 1.10359   수소 0.07321

이다. 동일 부피의 기체에는 같은 개수의 분자가 포함되므로 밀도의 비는 기체분자 질량의 비가 된다. 이 비를 바탕으로 산소 분자와 질소 분자의 질량비를 구하면

산소 분자 15.074　　　수소 분자 1.000

이 된다.

　아보가드로가 오늘날처럼 수소 원자 H = 1로 하지 않고, 수소 분자 H_2 = 1로 하여 이론을 전개하고 있는 사실에 주의하자. 현재 우리가 사용하고 있는 산소 분자 O_2의 값은 32이지만, H_2 = 1로 하는 아보가드로의 기준에 따르면 산소 분자 16이 된다. 아보가드로의 값은 이보다 좀 적은 15.074인데, 이것은 기체의 밀도 측정이 충분하게 정확하지 못했기 때문일 것이다.

　마찬가지로 질소의 공기에 대한 밀도 0.96913으로부터 수소에 대한 질소의 질량비는

$$0.96913 \div 0.07321 = 13.238$$

이므로 질소 분자 13.238이 된다. 현재 우리가 사용하고 있는 값(질소 분자 N_2 = 28)으로 치면 질소 분자 14가 되어야 한다.

　기체 반응 법칙에 따르면 산소 1부피와 수소 2부피로부터 수증기 2부피가 생성된다. 물 분자 상대 질량은

$$\frac{15.074 + 1 \times 2}{2} = 8.537$$

이 된다. 이 값은 수증기의 공기에 대한 밀도 0.625로부터

$$0.625 \div 0.07321 = 8.537$$

로 직접 구해진다. 현재 우리가 사용하고 있는 값(물 분자 $H_2O = 18$)으로 계산하면 물 분자 9가 된다. 옛날의 값 8.537은 약간 적은 편이다.

한편 돌턴은 잘못된 식(H_2O가 아니라 HO)으로 계산하여 물 원자(우리가 말하는 '분자')의 상대 질량을 6.5(78쪽의 표 참조)로 하고 있다.

암모니아의 경우 질소 원자 1개와 수소 원자 3개로 이루어져 있는 NH_3라고 본 아보가드로의 사고방식을 취하느냐, 질소와 수소의 각 원자로 이루어져 있다고 본 돌턴의 견해를 취하느냐에 따라서 큰 차이가 나타난다.

아보가드로의 견해에 따르면 암모니아 분자의 상대 질량은

$$\frac{13.238 + 1 \times 3}{2} = 8.119$$

가 되고, 이것은 암모니아의 밀도로 얻은 값과 일치한다. 현재 우리가 사용하고 있는 값(암모니아 분자 $NH_3 = 17$)으로 계산하면 암모니아 8.5가 된다.

한편 돌턴은 5.2로 계산하고 있다(78쪽의 표 참조). 이 값은 너무 적다. 후에 돌턴도 물 원자, 암모니아 원자의 상대 질량을 각각 8.6으로 계산하여 발표하고 있는데 이 값은 아보가드로의 값에 근접한다.

한 무리의 질소 산화물에 대해서도 아보가드로는 시종 일관된 설명을 할 수가 있었다.

2. 뒤마의 증기 밀도법

아보가드로의 생각의 중요한 포인트, 즉 "기체는 원자로서가 아니라 분자로서 존재한다."라는 주장은 당시의 화학자들에게 전적으로 받아들여지지 않았다. '기체 반응의 법칙'을 인정하지 않았던 돌턴은 물론, 기체 반응 법칙을 인정했던 베르셀리우스도 분자설에는 찬성하지 않았다.

베르셀리우스는 화학결합이 모두 반대 전하(電荷)의 흡인에 의해서 생긴다는 '전기적 이원론(電氣的二元論)'을 주장하고 있었다. 같은 종류, 즉 전기적으로 같은 전하를 갖는 2개의 원자가 결합을 형성한다는 견해는 그로서 도저히 납득이 가지 않았다.

영국의 화학자 데이비(H. Davy, 1778~1829)처럼 원자의 존재 자체에 의심을 품고 산소의 일정량과 화합하는 물질량, 즉 '당량(當量)'을 알면 된다고 생각하는 화학자도 있었다.

전기에 관한 연구로 유명한 물리학자 앙페르(A. M. Ampere, 1775~1836)도 아보가드로와 같은 견해를 발표했지만, 마찬가지로 받아들여지지 않았다.

분자설에서는 불리한 점도 발견되었다. 아보가드로는 기체분자의 상대 질량은 그 밀도로 구할 수 있다는 것을 제시했다. 프랑스의 화학자 뒤마(J. B. A. Dumas, 1800~1884)는 상온에서 액체 또는 고체에도 이 방법을 적용할 생각으로 시료를 가열해 발생한 증기로 밀도를 측정하는 실험을 확립했다.

그러나 몇 가지 원소의 증기의 밀도로 얻어진 상대 질량(또는 그것으로부터 구한 원자량)은 산화물의 분석으로부터 얻어진 원자량과도 일치하지 않았고, 또 값 자체도 납득할 수 없었다. 이를테면 인이나 황의 원자량을 뒤마의 방법으로 구하면, 각각 산화물의 분석으로부터 얻어지는 값이 2배와 3배로 되어 버렸다. 인이나 황의 산화물은 잘 조사되어 있어서, 이들 산화물로부터 구한 원자량에 오류가 있으리라고 생각되지 않았다.

뒤마는 모든 기체(상온에서는 기체가 아닌 것도 포함하여)는 2원자 분자로 가정해 버리면 원자량은 정확한 값의 2배가 되어 버린다.

결국 당시의 화학자는 한 종류의 원소로 이루어져 있는 원자와 분자를 어떻게 구별해야 할지를 알지 못했다. 이 때문에 원자량, 따라서 분자량을 명확하게 결정할 수가 없었다. 사람에 따라서 사용하는 원자량의 수치가 달라지고, 그 때문에 한 가지 물질에 대한 화학식이 달라지는 상황이었다.

이를테면 물의 경우 HO, H_2O, H_2O_2 등의 화학식이 사용되었다. 이러한 혼란 상태는 화학이 발전함에 따라 점점 더 골칫거리가 되었고 아보가드로가 분자에 관한 가설을 발표한 뒤로도 약 50년 동안이나 계속되었다.

3. 카를스루에의 국제 화학 회의

이런 사태를 어떻게든지 해결하려 한 화학자들 중에 독일의 케쿨레(F. A. Kekule, 1829~1896)가 있었다. 그는 이미 1858년에 '원자가(原子價)' 이론을 발표했다. 케쿨레의 원자가 이론에 따르면, 탄소의 원자가는 최대 4이고, 원자가 1인 원자 4개와 결합할 수 있었다(예: 메탄 CH_4, 4염화탄소 CCl_4). 이와 같은 원자가의 이론을 발전시키기 위해서는 원자량, 분자량,

당량의 관계를 명확하게 할 필요가 있었다.

당시의 화학자들 중에는 메탄의 화학식을 CH_2로 쓰는 사람과 CH_4로 쓰는 사람이 있었다. 이래서는 원자가의 사고를 발전시키는 일은 바랄 수가 없었다.

케쿨레는 독일 카를스루에 공과 대학의 웰젠과 프랑스의 화학자 브르츠와 협의하여 혼란을 해결하기 위해 온 세계의 화학자가 한자리에 모여 토론할 기회를 만들고자 했다. 이에 동참한 약 120명의 화학자가 1860년 9월 카를스루에로 모여들었다.

진지하고 열띤 토론이 계속되었는데도 불구하고 회의에서는 뚜렷한 결론을 내릴 수가 없었다. 그러나 학회의 발전이라는 측면에서, 이탈리아의 칸니차로가 자신의 견해를 온 세계의 화학자들에게 확실히 전달할 수 있었던 것은 큰 행운이었다. 칸니차로는 이 회의에 앞서 1858년에, 화학이 직면하고 있는 문제는 아보가드로의 설을 채택함으로써 해결할 수 있다는 주장을 담은 논문을 발표하고 있었다.

칸니차로는 그의 생각을 '화학 철학 개론'이라는 제목의 논문으로 정리하고, 그 속에서 원자설과 분자설을 바탕으로 하는 화학을 강의했다. 그의 주장은 이러하다. 먼저 가장 가벼운 기체인 수소의 증기 밀도를 기준으로 하여 기화(氣化)할 수 있는 단체(單體)나 화합물의 화학식량(化學式量)을 결정한다. 수소(분자)의 증기 밀도를 2로 하거나 그 값의 절반을 1로 하는 두 가지 표시 방법이 있다(표). 수소 = 1로 하는 기준은 원자량을, 수소 = 2로 하는 기준은 분자량을 부여한 것임을 알 수 있다.

물질명	수소의 밀도를 1로 했을 때의 밀도 (수소 분자를 1로 함)	수소의 밀도를 2로 했을 때의 밀도 (수소 분자의 절반을 1로 함)
수소	1	2
산소(통상적인)	16	32
산소(전해한 것)	64	128
황(1000℃ 이하)	96	192
황(1000℃ 이상)	32	64
염소	35.5	71
브롬	80	160
비소	150	300
수은	100	200
물	9	18
염화수소산	18.25	36.50
아세트산	30	60

칸니차로의 증기 밀도표

칸니차로의 원자량이나 분자량도 현재 우리가 사용하고 있는 값과 거의 일치하고 있다. 칸니차로 시대가 되어서야 겨우 화학자들은 우리와 같은 방법으로 얘기할 수 있게 되었다고 해도 될 것이다.

칸니차로는 또 뒤마가 발견한 증기 밀도 측정법에서의 문제점으로 어떤 종류의 분자 2개 이외의 수의 원자로 이루어져 있다고 생각하면 모조리 해결된다는 것을 제시했다.

황 분자 1개에는 6개의 황 원자가 함유되어 있었다. 즉 황 분자는 6원자 분자였다. 실제로 6원자 분자가 아니고 2원자 분자와 8원자 분자의 혼합물이라는 것을 후에야 알게 되었다. 수은 분자는 단 1개의 수은원자로 이루어져 있는 1원자 분자였다. 한편 인이나 비소는 4개의 원자가 한 분자를 만드는 4원자 분자였다. 물론 산소, 수소, 질소 등은 그대로 2원자 분자라고 생각하면 되었다.

칸니차로의 주장은 금방 받아들여지지는 않았지만, 그 명쾌함으로 많은 사람들에게 강한 인상을 심어주었다. 출석자 중 한 사람이었던 마이어(J. L. Meyer, 1830~1895)는 칸니차로의 견해를 강력히 지지하고, 그 견해를 채택한 교과서를 썼다. 그 교과서는 널리 사용되어 아보가드로의 견해를 보급하는 데 큰 도움을 주었다.

◆ 카를스루에 국제 화학 회의의 의의

여름부터 가을에 걸친 학회의 계절이 되면 아마 거의 매일 세계 어딘가에서는 과학자의 국제회의가 열리고 있을 것이다. 큰 학회에는 1,000명이나 되는 수십 개국의 학자들이 참가한다.

사람도 편지도 모든 것을 철도나 선박으로 수송하던 1860년에 국제회의를 연다는 것은 오늘날 우리가 상상하는 이상으로 큰일이었을 것이다. 그럼에도 불구하고 20명이나 되는 참가자가 있었다는 것은, 당시의 화학자가 얼마나 그것을 필요로 하고 있었던가를 여실히 말해 주고 있다. 산소의 원자량으로 어떤 사람은 8을, 어떤 사람은 16을 사용했다. 이래서는 말이 아니었던 것이다.

케쿨레는 자신이 쓴 교과서(1861년)에서 그 혼란을 소개하고 있다. 아세트산 CH_3COOH의 경우 16가지나 되는 표기법이 제안되어 있었다는 것을 보여 주고 있다.

그중 몇 가지는 아래와 같다.

$C_4H_4O_4$ $C_4H_3O_3 + HO$

$C_4H_3O_4 \cdot H$ $C_4H_4 + O_4$

$C_4H_3O_2 + HO_2$

4. 에너지론의 대두

원자설과 분자설은 이리하여 화학자들 사이에 차츰 번져 나갔다. 같은 무렵 독일의 클라우지우스(R. J. E. Clausius, 1822~1888)와 영국의 맥스웰(J. C. Maxwell, 1831~1879) 등의 뛰어난 물리학자가 기체분자운동론의 기초를 굳혔다. 이것은 원자설과 분자설에 있어서는 강력한 지지가 되었다.

기체분자운동론은 다시 오스트리아의 물리학자 볼츠만(L. Boltzmann, 1844~1906)에 의해서 심화되었고, 인간은 이제 겨우 자연의 구조를 이해하게 되었다. 적어도 원자설을 믿는 사람들은 그렇게 생각하게 되었다.

그러나 19세기 말에 원자설은 중대한 공격을 받게 된다. "원자나 분자라는 것은 확실히 자연을 이해하기 위한 가설로는 편리하다. 그러나 원자나 분자가 실제로 존재한다는 실험적인 증거는 아무것도 없지 않은가. 실재한다고 증명되지 않은 것을 전제로 하는 원자설, 분자설은 학문의 기초가 될 수 없지 않은가" 하는 것이 그 공격의 근거였다.

원자설과 분자설에 이와 같은 의문을 던지며 이것을 부정하고 나서는 과학자가 19세기 말, 독일과 프랑스에서 적지 않게 나타났다. 그중에서도 물리화학이라는 새로운 분야를 정립하고, 1909년에는 노벨 화학상을 수상한 독일의 오스트발트는 가장 날카로운 원자설의 비판자로서 볼츠만을 맹렬히 공격했다.

음속(音速)의 단위에 그 이름을 남기고 있는 오스트리아의 물리학자이자 철학자로도 유명한 마하도, 오스트발트에 버금가는 원자설 비판론자였다. 그들은 모두 당시의 화학에 커다란 영향을 미치는 힘을 지니고 있었다.

볼츠만이 1906년에 자살을 한 것도 두 사람과의 논쟁에 지친 데다, 더구나 자신이 옳다는 것을 알면서도 그것을 인정받지 못하는 초조감에 견디다 못한 것이 원인 중 하나였다고 한다.

돌턴에 의해서 명확하게 화학적 기초가 부여되고 그 후의 많은 연구에 의해서 확고부동해지는 것으로 보였던 원자설이 다시 위기로 빠져든 것은 무엇 때문이었을까?

오스트발트가 원자설을 공격할 수 있었던 것은 19세기 중엽에 '열역학'이라 불리는 열과 에너지를 다루는 새로운 학문이 급속히 성장하여 튼튼한 학문 체계를 쌓아 올렸기 때문이다.

열역학은 본래 증기기관의 효율 연구를 계기로 발전했다. 열역학의 제1법칙(에너지 보존의 법칙)이나 열역학의 제2법칙이 인정받게 되자, 열역학은 단순히 증기기관의 효율만을 다루는 학문이 아니라 자연계의 모든 현상에서의 에너지 교환을 다루는 학문으로 발전해 갔다.

　오스트발트는 "우리가 측정하거나 느끼거나 할 수 있는 에너지야말로 자연을 만드는 근본적인 구성 요소이다."라고 믿게 되었다. 직접으로는 볼 수도 만질 수도 없는 원자나 분자에 의존하는 원자설과 분자설은 차츰 형세가 악화되어 갔다.

5. 브라운 운동과 아인슈타인 이론

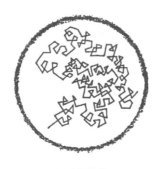

브라운 운동

　1827년, 영국의 식물학자 브라운(R. Brown, 1773~1858)은 물에 든 꽃가루 속의 미립자(微粒子)를 현미경으로 관찰하다가 꽃가루가 무질서한 운동을 한다는 사실을 알아챘다. 이른바 '브라운 운동'이다. 이 운동은 현미경이나 책상의 진동에 의한 것이 아니었다. 또 어떤 물질이라도 미립자로 하여 물에 띄우면 세차게 진동하여 운동한다는 사실을 브라운이 확인했다. 19세기 후반에는 이 브라운 운동이 물 분자가 미립자에 무질서하게 충돌하는 결과라는 견해가 대두했다. 1905년, 아인슈타인은 액체 위에 띄운 미립자가 액체 분자의 열운동에 의해서 현미경으로 관찰할 수 있을 만한 정도의 운동을 보일 것이라는 이론적 결과를 얻었다. 다음에 아인슈타인이 시도했던 것은 이 이론을 브라운 운동에도 적용할 수 있느냐는 것이었다.

아인슈타인은 미립자가 액체의 표면을 1초에 얼마만큼이나 이동할 수 있는가를 이론적으로 계산해 보았다. 한 가지 생각은 미립자가 삼투압(渗透壓: 제6장 참조)에 의해서 확산하려는 경향과 그것에 대한 액체의 저항에서 구해질 수 있는 것이었다. 전자는 기체나 묽은 용액 이론(제6장 참조)으로, 후자는 액체의 점성으로 구할 수가 있었다.

아인슈타인이 유도한 식은

$$D = \frac{RT}{N} \times \frac{1}{6\pi a\eta}$$

이다. 여기서 D는 브라운 운동에 의해서 미립자가 어느 만큼이나 움직이는가를 나타내는 수로서, 현미경에 의한 관찰로 구할 수 있다. R은 기체상수, T는 절대온도, α는 미립자의 반지름, η는 점성계수다. 이들의 값은 상수나 실험적으로 결정할 수 있는 것, 둘 중의 하나다.

그렇게 하면 나머지 N도 결정된다. N은 (물이 만약 분자로 이루어져 있다고 하면) 물 1mol(18.0g) 속에 함유되어 있는 분자의 수이다. 바꿔 말하면 브라운 운동을 관측함으로써 분자의 수를 계산할 수 있다는 것을 의미한다.

세상의 물질에서 무릇 셀 수 있는 것은, 그것이 별만 한 크기이든 콩알 만 한 것이든 입자로서 존재하고 있는 것이라고 생각해야 하지 않겠는가?

아인슈타인은 이 연구가 원자나 분자의 실재를 증명하는 데 결정적인 의미를 가질 수 있다는 것을 잘 알고 있었다. 그러나 그는 실험가가 아니 었다. 그는 훌륭한 실험가와 그와 같은 목적, 즉 원자나 분자의 실재를 의 심할 여지 없이 증명할 목적을 가지고 브라운 운동에 관한 이론을 실증해 주기를 기다리지 않으면 안 되었다.

6. 페랭의 실험

1908년, 프랑스의 콜로이드학자 페랭은 아인슈타인과는 독립적으로 콜로이드 입자의 용액의 침강평형(沈降平衡)이 분자를 계산하는 좋은 방 법이 된다는 것에 착안했다.

지름 $10^{-5} \sim 10^{-7}$cm 정도 크기의 미립자를 '콜로이드 입자'라고 한다. 1개 의 콜로이드 입자 속에는 약 $10^3 \sim 10^9$개(1,000~10억 개)의 원자가 포함되 어 있다. 콜로이드 입자는 눈에는 보이지 않지만, 보통의 분자와 비교하면 꽤나 크기 때문에 보통의 분자와는 다른 성질을 지닌다. 브라운 운동이 그 중 하나다. '틴들 현상'을 가리키는 것이나 반투막(半透膜)을 통과할 수 없 다는 것도 잘 알려진 콜로이드 입자의 성질이다.

원통형의 용기에 콜로이드 용액을 넣어 방치해 두면, 콜로이드 입자는 브라운 운동에 의해서 무질서하게 돌아다닌다. 그러나 중력도 작용하기 때문에 미립자는 차츰 아래쪽으로 갈수록 뻑뻑하게 분포하는데, 그렇다고

침강평형

해서 완전히 침전해 버리는 것은 아니며, 그림이 보여 주듯 일종의 평형상태로 된다. 이것이 '침강평형'의 상태다.

페랭은 원통 바닥으로부터 h_1의 높이에 있는 콜로이드 입자의 수 n_1과 h_2의 높이에 있는 콜로이드 입자의 수 n_2 사이에는

$$2.303\log\frac{n_1}{n_2} = \frac{N}{RT}mg(h_2 - h_1)\left(1 - \frac{d}{D}\right)$$

의 관계가 성립한다고 결론지었다. 여기서 m은 입자의 질량이고, D는 입자의 밀도, d는 액체의 밀도이며, g는 중력의 가속도($980\,\mathrm{cm\cdot s^{-2}}$), R은 기체상수, T는 절대온도이다. 따라서 n_1과 n_2를 정확하게 어림할 수 있으면 $1\,\mathrm{mol}$에 함유되는 입자 수 N을 산출할 수 있다. 이리하여 페랭은 '분자를 계산하는' 일을 실제로 시도해 보았다.

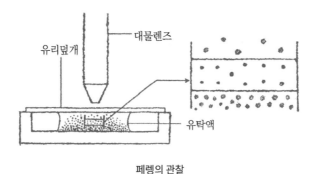

페렝의 관찰

페랭은 감보지(gamboge)라는 식물수지(植物樹脂)에서 얻어지는 유탁액(乳濁液)을 원심분리에 걸어서 입자의 크기가 가지런한 부분을 얻어 냈다. 입자의 크기는 현미경으로 측정했다. 입자의 밀도는 통상적인 밀도측정법으로 구해진다.

이와 같이 하여 만든 콜로이드 입자의 유탁액의 한 방울을 0.1mm의 오목하게 패인 유리판에 담아 유리 덮개로 덮은 뒤 현미경으로 관찰한다. 배율이 큰 대물렌즈를 사용하면 초점심도가 아주 얕아져서 뚜렷하게 보이는 것은, 고작 수 밀리미크론(미크론: μ은 길의의 단위, 마이크로미터: μm의 약칭. $1μ = 10^{-3}mm$) 정도 두께의 층 속에 있는 입자뿐이다.

현미경을 마이크로미터로 오르내리게 함으로써 시료인 유탁액의 임의의 높이에서 입자를 셀 수가 있다. 그리고 마이크로미터의 나사 눈금으로부터 현미경이 오르내릴 거리(식의 h)를 정확하게 읽는다.

반지름 0.212μ의 입자가 깊이 0.1mm(100μ)의 용기에 있을 때, 바닥으로부터 5μ, 35μ, 65μ, 95μ의 거리에 있는 면의 입자 수를 반복하여 계산한다. 처음에는 높이에 따라 입자 수가 거의 변화하지 않지만, 시간이 경과함에 따라 낮은 위치의 입자 수가 불어나고 수의 비례가 차츰 일정한 값

100   47   22.6   12

로 안정된다.

이 수치는 수열(數列)

100   48   23   11   1

과 흡사하다. 이 수열은 유탁액의 브라운 운동을 콜로이드 입자에 액체 분자가 충돌하는 결과로 일어나는 것이라고 생각하여 이론적으로 계산하면 얻어진다.

페랭은 여러 가지 조건 아래서 실험을 시도했다. 입자의 크기, 액체의 종류와 온도 등을 바꾸어도 얻어지는 N은 항상 거의 일정한 값

$6.5 \times 10^{23} \sim 7.2 \times 10^{23}(\text{개/mol})$

사이를 전후했다. 페랭은 물질이 원자나 분자로 이루어지는 것은 의심할 여지가 없다고 생각했다.

연구를 발표한 후 아인슈타인과 또 전혀 독립적으로 폴란드의 물리화

학자 스몰루코프스키(M. von Smoluchowski, 1872~1917)가 브라운 운동의 연구를 진행하고 있다는 사실을 알고 페랭은 크게 힘을 얻었다. 그리하여 1908년부터 약 3년간 세심한 주의를 기울여 아인슈타인이 이론적으로 예측했던 브라운 운동에서의 입자의 변위(變位)를 측정했다.

얻어진 결과는 여기서도 원자설과 분자설에 바탕하는 이론과 거의 일치했다. 1mol의 물질에 함유된 분자 수는 그 계산 방법에 따르지를 않고 항상 일정한 값이 되었다.

페랭은 여러 가지 방법으로 얻어진 1mol의 물질 속의 입자 수(이것은

관측된 현상		$N/10^{23}$
기체의 점성률(반데르발스의 식)		6.2
브라운 운동	입자의 분포	6.83
	변위	6.88
	회전	6.5
	확산	6.9
분자의 불규칙한 분포	임계유광	7.5
	하늘의 청색	6.0
흑체의 스펙트럼		6.4
구체의 전하(기체 속)		6.8
방사능	방사체의 전하	6.25
	발생하는 헬륨	6.4
	상실되는 라듐	7.1
	복사되는 에너지	6.0

페랭의 아보가드로수표

'아보가드로수'라고 불리게 되었다)가 훌륭한 일치를 보였다는 것을 강조했다(표 참조). 원리적으로는 전혀 관계가 없는 방법으로 계산한 결과가 거의 일치했다는 것은 원자설과 분자설의 정당성을 보증하고 있었다. 실험에 수반하는 오차 때문에 페랭의 표에 제시되고 있는 값은 현재 우리가 사용하고 있는 값보다 약간 크다.

아보가드로가 가설을 발표하고서부터 100년 남짓 뒤에 원자설과 분자설은 마침내 최종적인 승리를 얻었다. 그토록 완고하던 오스트발트도 원자와 분자가 확실히 존재한다는 사실을 인정하지 않을 수가 없었다. 아보가드로의 '가설'은 이제 가설이 아니라 증명된 엄연한 사실이 되었다. 우리도 이제부터는 '아보가드로의 법칙'이라고 불러야 한다.

7. 우리의 실험

단분자막법의 의한 아보가드로수의 측정

단분자막법(單分子膜法)은 분자의 크기를 측정하는 실험으로서는 비교적 간단하기 때문에 시험해 볼 만한 가치가 있다.

분자가 한 층으로만 배열된 층, 즉 그 두께가 분자 1개의 크기에 해당하는 층을 '단분자층'이라고 한다. 만약 그 층이 계면(界面), 이를테면 물의 표면에 있을 때는 이 층을 '단분자막'이라고 한다.

1899년, 영국의 물리학자 레일리(J. W. S. Rayleigh, 1842~1919)는 넓은 수면 위에 확산된 기름의 얇은 층의 두께는 10^{-7}cm 정도이고, 이것이 거의 분자의 크기와 같다는 것을 지적했다.

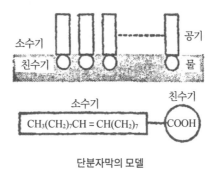

단분자막의 모델

    단분자막은 어떻게 해서 만들어지는 것일까? 단분자막을 만들기 쉬운 물질로는 고급 지방산이나 고급 알코올이 있다. 수많은 탄소 원자가 길다란 사슬을 만들어 결합한 탄화수소(탄소의 사슬이 긴 물질은 사슬의 짧은 물질에 비해서 '고급하다'고 말한다)의 말단 수소 1개를 카르복시기 -COOH로 치환한 것을 '고급 지방산', 히드록시기 -OH로 치환한 것을 '고급 알코올'이라고 부른다.

    탄소수가 작은 카르복시산이나 알코올은 물에 잘 녹는다. 아세트산기 CH_3COOH(식초에 함유되어 있다)나 에탄올 C_2HO_5H은 그 좋은 예다. 카르복시기나 아세트산기가 물과 친숙하고 섞이기 쉽기 때문이다. 이와 같은 기(基)를 '친수기(親水基)'라고 한다.

    이것에 대해 가솔린이나 등유 등과 같이 탄소와 수소만으로 이루어져 있는 탄화수소는 물에 잘 녹지 않는다. 이 때문에 탄화수소의 사슬은 '소수기(疏水基)', 즉 물과 잘 어울리지 않는 부분을 형성한다.

    고급 지방산이나 고급 알코올은 친수기와 소수기로 이루어져 있지만,

탄소의 사슬이 길기 때문에 소수기가 우세해져 물에 녹지 않게 된다. 그러나 친수기는 물과 어울리기 때문에 그림과 같이 친수기를 수면으로 향하게 하고 소수기는 물에서 떨어져 있게 하는 방향으로 배열하면 단분자막을 만들기가 쉽다.

● 준비물

쟁반(5 × 35cm 정도로 얕고, 수평을 맞출 수 있게 밑에 조절용 나사가 달린 것. 바닥을 검게 칠해 둔다)

고형 파라핀

메스 플라스크(되도록 작은 것)

눈금이 새겨진 피펫

천칭

올레인산

펜탄

● 실험 방법

(i) 올레인산의 밀도 d를 구한다 ― 손쉽게 밀도를 구하는 데는 메스 플라스크를 사용하여 일정한 부피의 올레인산의 질량을 측정하면 된다. (0.87g/cm³ 정도)

(ii) 약 0.05g의 올레인산을 눈금이 새겨진 피펫으로 정확하게 재어 메스플라스크를 사용하여 500ml의 펜탄 용액으로 만든다.

(iii) 쟁반에 딱딱한 파라핀을 바르고, 깨끗한 물을 가장자리가 넘쳐흐

를 때까지 담는다.

(iv) 물 표면을 피스톤 오일로 덮고, 이것에 석송자(石松子) 가루(생약의 일종. 단분자막을 관찰하기 쉽게 하는 데 도움이 된다. 활석의 미세한 가루라도 좋다)를 뿌린다. 피스톤 오일은 순도가 높은 윤활유를 300℃에서 8시간 가열하여 얻는다. 가느다란 유리막대 끝을 피스톤 오일에 담그고 물 표면에 닿게 한다. 물의 표면이 녹색으로 되어 관찰하기 쉬워진다.

(v) 눈금이 새겨진 피펫으로 올레인산의 펜탄 용액 0.10ml를 물 표면에 가하고, 펜탄이 기화되기를 기다린다.

(vi) 올레인산의 층은 피스톤 오일과 석송자 층을 밀어내기 때문에 산이 번져 나간 부분의 색깔이 지워져 관찰하기 쉬워진다. 거의 원형으로 된 이 단분자층의 모양을 투명 유리에 베껴내고, 다시 그 윤곽을 1mm 방안지에 옮겨 그린다.

● 고찰

단분자막 속 올레인산의 질량 w($\fallingdotseq 10^{-5}$g)와 올레인산의 밀도 d로부터 올레인산의 전체 부피 v를 구한다. 이것과 단분자막의 면적 s($\fallingdotseq 75$cm^2)로부터 단분자막의 두께 h를 어림한다. 10^{-7}cm 정도가 얻어질 것이다.

$$h = \frac{v}{s} = \frac{w}{ds}$$

이 데이터로 올레인산 1분자의 부피 v_0를 구한다. v_0과 아보가드로수 N과의 관계는

$$v_0 N = \frac{M}{d}$$

로 나타내며, M은 올레인산의 분자량(= 282)이다.

올레인산을 정육면체라고 가정하면 아보가드로수로 약 1×10^{23}의 값이 얻어진다. 올레인산을 길이가 너비의 2배(= 2h)인 직육면체로 하여 계산하면 5×10^{23}으로, 길이가 지름의 4배인 원통으로 계산하면 약 6×10^{23}으로 개선된다[이 실험은 J. Chem, Edus. 35, 198(1958년)에 의한 것이다].

8. 아보가드로수로부터 아보가드로 상수로

아보가드로의 가설에 따르면 기체 종류에 상관없이 같은 온도, 같은 압력에서 같은 부피 속에 들어 있는 분자 수는 같다. 한편 1mol의 기체는 표준 상태에서 22.4l를 차지한다. 따라서 같은 조건 아래서 22.4l의 기체 속에 든 분자 수는 기체의 종류에 상관없이 일정하다. 이것은 돌턴이 아보가드로의 원자설, 분자설로부터 이끌어낸 결론이다.

그렇다면 도대체 22.4l의 기체 속에는 몇 개의 분자가 들어 있을까? 만약 원자의 크기를 어림할 수 있다면 원자설, 분자설을 강력히 뒷받침할 수 있을 것이다.

이와 같은 시도 아래 분자를 계산하려고 생각한 사람이 오스트리아의 물리학자 로슈미트(J. Loschmidt, 1821~1895)였다. 그는 기체의 열전도(熱傳導)를 기체분자운동론을 사용하여 해석함으로써 표준상태에서의 1cm^{3}의 기체 속에 들어 있는 분자 수를 결정하려 했다. 이 수를 '로슈미트수'라고 한다.

그러나 로슈미트수는 그다지 사용되지 않았다. $1cm^3$의 기체 속의 분자 수를 세기보다는 $22.4l$, 즉 $1mol$ 속의 분자 수가 더 의의가 있는 것으로 생각되었고, 이것은 '아보가드로수'라고 불리게 되었다.

페랭의 실험이 있은 후 여러 가지 방법에 의한 측정이 실시되었다. 보다 정확한 측정은 1917년 미국의 물리학자 밀리컨(R. A. Millikan, 1868~1953)에 의해서 이루어졌다(제5장 참조).

밀리컨은 전자 1개가 갖는 전기량 e를 정확하게 측정했다. 전자 1개가 지니는 전기량 e의 아보가드로수 배는 분명히 전기량의 $1mol$, 즉 1패러데이(F)의 전기량($1F = 96,500$쿨롱)이다.

$$eN = F$$

라 하여 구해진 값은 페랭의 값보다 약간 적다.

오늘날 가장 정확하게 아보가드로수를 구하는 방법은 다이아몬드의 X선 결정해석(結晶解釋)에 의해 탄소 원자 1개의 부피 v를 구하는 방법이다. v와 다이아몬드의 밀도 d, 원자량 M과의 사이에는

$$\frac{M}{d} = vN$$

의 관계가 있다. 이리하여 구해진 아보가드로수는 약

$$6.02 \times 10^{23}(\text{개}/\text{mol})$$

이다.

분자의 실재가 증명되고 나서 아보가드로수는 실험 방법에 따라서 바뀔 수 있는 수치가 아니라 하나의 우주적인 상수로서 다루어져야 한다고 생각하게 되었다. 국제단위계(SI)에서는 질량수 12인 탄소 12.0000g에 함유되는 탄소 원자의 수를 아보가드로 '상수'(수가 아니라)로 정의하고 있다. 그 값은

$$6.0229 \times 10^{23}(\text{개}/\text{mol})$$

이다.

이 수와 같은 수의 기본적 실체(즉 분자, 원자, 이온 등의 물질의 구성 단위)를 함유하는 물질의 물질량은 1mol이라고 정의한다.

국제단위계에서는 몰은 미터(길이의 단위)나 킬로그램(질량의 단위) 등과 더불어 자연을 나타내는 체계의 가장 기본적인 7가지 기본 단위 중 하나로 선택되었다.

제5장

패러데이의 법칙

〈패러데이가 전기화학 용어를 정했을 때의 노트에서〉

같은 종류의 물질을 전기분해할 때 전기분해 생성물의 양과 통과시킨 전기량은 비례한다.
다른 종류의 물질의 전해 생성물의 질량비는 화학당량의 비와 같다.

패러데이

전기나 자기에 수반되는 현상은 그것에 대한 지식을 갖지 못했던 인간에게는 일종의 마법처럼 느껴졌다. 전기에 대한 인간의 태도는 18세기까지 이와 같았다. 그러나 18세기 후반의 두 가지 발명에 의해서 인간은 전기를 보다 잘 이해할 수 있는 수단을 획득했다. 하나는 라이덴병이고 하나는 볼타(A. Volta, 1745~1827)의 진리다. 라이덴병을 통해 전기를 저장할 수 있게 되었고, 전지를 통해 전기의 정상적인 흐름, 즉 전류가 얻어지게 되었다.

전지의 발명은 19세기 이후 문명 본연의 존재를 결정할 만큼 큰 의미를 지니고 있었다. 패러데이(M. Faraday, 1719~1867)에 의한 전자기유도(電磁氣誘導)의 발견은 발전기와 변압기의 초기 발전의 기초가 되었다. 이 발견은 20세기의 과학기술 시대의 토대를 다지는 작업이었다.

전류의 화학 작용에 관한 연구도 전지의 발명과 동시에 시작되었다. 데이비는 전기분해로 수많은 새로운 원소를 발견했고, 패러데이는 전기분해에서 분리된 물질의 양과 통과한 전류 사이의 정량적인 관계를 발견했다.

패러데이 이후 전기화학의 발전은 물질의 구조를 밝히는 데 도움을 주었다. 제6장에서 언급하게 될 아레니우스(S. A. Arrhenius, 1859~1927)의 전리설(電離說)도 그것의 한 예가 될 것이다.

1. 고대에서 18세기 말까지

"호박(琥珀)은 손가락의 마찰에 의해서 체열(體熱)을 받는다거나 마른 나뭇잎이나 왕겨를 마치 자석이 철을 끌어 붙이듯이 흡인한다."라고 로마 시대의 학자 플리니우스(G. P. S. Plinius, 23~79)는 기록하고 있다. 마찰전기의 지식은 고대부터 알려져 있었다. 전기(electricity)의 어원은 '호박'의 그리스·라틴어에서 유래한 것이다.

동물 전기에 관해서도 물론 알려져 있었다. "전기가오리는 멀리서 창 끝이 닿기만 해도, 아무리 센 팔이라도 마비시켜 버린다."라고 플리니우스는 기록했다. 고대의 명의 갈레노스(Galenus, 129~200경)는 전기가오리가 두통 치료에 도움이 된다고 생각하고 있었던 것 같다.

단편적인 지식은 있었지만 이들 현상이 다른 자연현상, 이를테면 번개와 같은 것을 포함하여 하나의 원리로 통일적으로 통합할 수 있다는 것을 인간이 깨닫게 되기까지는 긴 과정이 필요했다.

전기에 관한 지식을 하나의 학문으로서 통합한 것은 근세 초기의 영국인 의사 길버트(W. Gilbert, 1540~1603)였다. 그는 엘리자베스 1세의 시의(侍醫)를 맡을 만큼 고명한 의사였는데도, 기초적인 과학연구를 계속하여 그 결과를 『자석에 관하여』(1600)라는 책으로 정리했다. 그는 자기와 전기를 분명히 구별했고, 또 물체가 전하를 띠고 있는지 확인하기 위한 간단한 '검전기(檢電器)'를 고안했다.

진공에 관한 실험으로 유명한 게리케는 간단한 것이기는 했지만, 최초의 '기전기(起電器)'를 발명했다. 황구(黃球)를 마찰하는 간단한 장치로 전

라이덴병

기를 모으기 위한 극(極)도 있었다. 이것을 사용하여 게리케는 길버트가 간과했던 '같은 종류의 전하 사이의 반발 현상'을 발견했다. 그러나 게리케의 이 연구는 마그데부르크의 반구(제2장 참조)만큼은 이목을 끌지 못했다.

전기에 관한 학문이 급속히 진보한 것은 18세기가 되고서부터다. 프랑스의 물리학자 뒤 페이(C. F. de C. Du Fay, 1698~1739)는 마찰전기에는 유리전기와 수지(樹脂)전기라는 두 종류가 있다는 것을 발견했다. 이 이름은 후에 프랭클린(B. Franklin, 1706~1790)에 의해서 플러스(양) 전기, 마이너스(음) 전기라는 용어로 대체되었다.

18세기 중엽에는 '라이덴병'이 발명되었다. 라이덴병을 여러 개 접합하면 일종의 축전기 구실을 한다는 것도 알려지게 되었다.

프랭클린은 라이덴병을 사용하여 전기의 본성을 밝히기 위한 여러 가지 실험을 하여 '전기유체설(電氣流體說)'을 수립했다. 이 설에 따르면 물질이 양과 음에 대전하는 것은 전기유체가 과잉이 되거나 부족하기 때문이다.

라이덴병에 저장한 전기가 물질에 화학 변화를 일으킨다는 것도 차츰 알게 되었다. 이를테면 산소의 발견자인 프리스틀리는 알코올이나 두세 가지 기름을 통과시켜 라이덴병을 방전시키면 수소가 발생한다는 것을 알아냈다(1774년). 같은 시기에 물을 통해서 라이덴병을 방전시키면 액체의 일부가 기체로 변환한다는 사실도 알려졌다. 그러나 라이덴병의 방전에 의해서 일으킬 수 있는 화학 변화는 제한되어 있기 때문에, 또 순간적으로 일어나는 방전을 제어할 수가 없었기 때문에, 얻어진 지식은 단편적인 것이어서 전기의 화학 작용의 본성을 밝힐 수는 없었다.

2. 동물 전기의 발견과 볼타의 전지

1780년경, 이탈리아의 생리학자 갈바니(L, Galvani, 1737~1798)는 막 껍질을 벗긴 개구리의 다리가 가까이에서 전기 방전이 일어날 때마다 세차게 경련하는 것을 발견했다. 갈바니는 이 현상을 여러 가지 실험을 통하여 조사했다. 그 결과 다른 금속을 연결하여 만든 회로를 개구리의 신경이나 근육에다 접촉했을 때도 경련이 일어난다는 것을 알았다.

이 현상은 동물의 몸 자체에서 기인하거나 다른 금속의 접촉에 의한 전기적인 작용의 결과로 개구리 다리가 검전기의 역할을 하거나 둘 중 하나였는데, 갈바니는 앞의 견해, 즉 개구리 다리가 전기를 발생시키는 것이라고 생각했다.

갈바니의 동물 전기 실험

갈바니의 발견은 당시 큰 반향을 불러일으켜 사람들은 앞 다투어 두 종류의 금속과 개구리 다리로 갈바니가 한 관찰을 반복했다. 같은 이탈리아의 물리학자 볼타도 그런 사람들 중 하나였다. 그는 이미 민감한 검전기를 발명한 일류 전기학자였다.

볼타는 개구리 다리는 그저 흥분했을 뿐이며, 금속이 원천적인 전기의 발생자라고 주장했다(1791년). 또 개구리 다리가 경련을 일으키는 세기는 사용하는 금속의 종류에 따라 다르다는 것을 알아냈다. 1794년에 볼타는 여러 가지 금속과 도체를 한 줄로 배열한 것을 발표하고, 사용하는 두 종류의 금속 또는 도체가 이 줄 가운데서 떨어져 있을수록 전기 작용이 강하다고 말했다.

Zn Sn Pb Fe Cu Pt Au Ag 흑연 숯

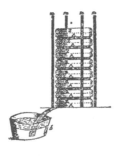

볼타의 전지

이것은 오늘날에도 널리 사용되고 있는 '금속의 이온화 계열'의 원형이다.

볼타의 이러한 발견들은 매우 중요하다. 그러나 그가 1800년에 보고한 볼타 전지의 발견과 비견될 만한 중요한 발견은 과학사를 통틀어 매우 드물다.

볼타는 식염수에 담근 흡수지를 끼운 두 종류의 다른 금속 원판을 도선에 연결하면 약한 전류가 흐른다는 것을 발견했다. 그러나 라이덴병과는 커다란 차이가 있었다. 라이덴병은 미리 전기를 주지 않으면 안 되었다. 반면 볼타의 장치는 조립만 하면 될 뿐, 미리 전기를 주지 않아도 전류를 흐르게 할 수 있었다.

3. 전류의 화학 작용

볼타 전지의 발견을 알게 된 영국의 해부학자 칼라일은 자신이 손수 만든 전지를 실험하던 중 재미있는 현상을 알아챘다. 도선과 원판의 접촉을 용이하게 하기 위해 물로 금속 원판을 적시자 도선 주위에 '거품'이 발생했다.

이 현상을 자세히 연구하기 위해 그는 기사인 니콜슨의 원조를 받아 물을 채운 관 속에 2개의 놋쇠 철사를 사용하여 전류를 통과시켰다. 한쪽 철사에서는 기포(수소)가 발생하고 다른 쪽 철사는 색깔이 변했다. 도선으로 산화하기 어려운 백금선을 사용하자 한쪽에서는 수소가, 다른 쪽에서는 산소가 발생했다. 즉 전기가 물을 분해하고 있었던 것이다.

그때까지 라이덴병으로부터 방출된 전류를 여러 가지 물질에 통과시킬 때 일어나는 화학 변화에 주목한 과학자가 전혀 없었던 것은 아니었다. 그러나 칼라일과 니콜슨처럼 실험 도중에서 어떤 일이 일어나고 있는가를 알아채고, 그것을 조사하는 데에 가장 적합한 방법을 써서 실험을 진행시켰던 사람은 없었다.

또 다른 영국의 화학자 데이비는 전기가 물을 분해하는 것은 전기가 수소와 산소 사이의 '결합력(당시 사람들은 이것을 '친화력(親和力)'이라고 일컬었다)'을 이겨 내기 때문이라고 추론했다.

1807년에 데이비는 강한 전류를 사용하면 두 종류의 원소 사이에 작용하는 친화력을 이겨낼 수 있을지 모른다고 생각하여 수산화나트륨 NaOH이나 수산화칼륨 KOH의 포화수용액에 강한 전류를 통과시켰다. 그러자 공격을 받는 것은 물뿐이고, 대량의 열을 수반하면서 수소와 산소만 발생했다. 수산화나트륨이나 수산화칼륨을 공격하는 데는 전기에 공격당하기 더 쉬운 물이 없는 상태가 필요했다.

데이비는 '융해 전해(融解電解)' 방법을 고안했다. 가열하여 녹인 수산화물은 완전히 건조된 상태에서는 전류가 통하지 않았지만 약간의 습기를 주면 전류가 통했고, 전기용해가 일어나 양극인 백금선과의 접점에서 심한 기포가 발생했다. 데이비에 따르면 음극에서는 "강한 금속광택을 지니며, 외관이 수은과 흡사한 작은 둥근 알갱이가 나타나 그 일부는 생성되자마자 즉시 폭발적으로 타올랐다. 타지 않고 남은 것은 금방 표면이 하얀 막으로 덮였다."

이리하여 데이비는 먼저 칼륨 K를, 두세 달 후에는 나트륨 Na를 발견했다. 이듬해에는 마그네슘 Mg, 칼슘 Ca, 스트론튬 Sr, 바륨 Ba의 단리(單離)에 성공했다.

4. 패러데이의 법칙

영국이 낳은 최고 과학자 중 한 사람인 패러데이는 왕립 연구소에서 데이비의 조수로 일하며 과학자의 길을 걷기 시작했다. 그는 데이비가 은퇴한 후에도 계속하여 왕립 연구소에 머물러 연구했다. 그는 1820년경부터 전자기학에 흥미를 갖기 시작했다. 1821년에는 영구자석과 전류를 사용하여 기계적인 운동(전자기 회전)을 만들어 내는 데 성공했다. 이것은 모터의 원형이라고 할 만한 것이다.

패러데이는 1831년에 코일에 전류를 통하게 하거나 끊거나 하면 이웃 코일에 전류가 발생한다는 사실을 발견했다. 이 '전자기유도' 현상은 발전기나 변압기(트랜스)의 기초가 되는 발견이었다.

패러데이의 전량계

이 무렵, 패러데이는 전기분해의 일반적인 조건을 연구했다. 그때까지 많은 화학자가 전기분해를 조사했지만, 전기분해를 일으키는 조건, 즉 전해액의 농도라든가 전극의 크기가 전기분해되는 물질량과 어떤 관계에 있는지는 정확히 모르고 있었다. 통과시킨 전기량이 많을수록 전기분해되는 물질량이 많아지는 것은 당연하다 하더라도 그 사이의 관계가 명확하지 않았다. 전기량을 정확하게 측정하는 방법이 확립되어 있지 않았고, 또 전기분해에는 2차적인 반응이 일어나는 일이 많아 화학 반응의 정량 해석을 곤란하게 만들고 있었다.

전기량을 정확하게 측정하기 위해 패러데이는 '볼타 전기계'를 발명했다. 현재 '전해전량계(電解電量計: voltameter)'라고 불리는 것의 원형이다. 전량계는 묽은 황산의 전기분해 장치로서 백금판이 있는 곳에 발생한 기체를 눈금이 새겨져 있는 유리관에 모아서 그 부피를 읽으면 통과한 전기량을 정확하게 알 수 있는 장치다.

이 전량계를 사용하여 연구한 결과, 전기분해되는 물질량은 통과한 전

음이온		양이온	
산소	8	수소	1
염소	35.5	칼륨	39.2
요오드	126	나트륨	23.3
브롬	78.3	리튬	10
플루오르	18.7	바륨	68.7
황산	40	스트론튬	43.8
질산	54	칼슘	20.5
탄산	22	마그네슘	12.7

패러데이의 전기화학당량

기량만으로 결정되고 극판의 크기나 수, 거리 등에는 관계가 없다는 것을 알았다. 패러데이는 이 결과를 "같은 종류의 물질을 전기분해할 때 전기분해 생성물의 양과 통과시킨 전기량은 비례한다."라고 설명했다. 이것은 오늘날 '패러데이의 제1법칙'이라고 불리고 있다.

패러데이는 수소 1g을 발생시킬 정도의 전기량을 통과시켰을 때 얻어지는 여러 가지 물질의 질량을 구했다. 이 값을 패러데이는 '전기화학당량 (電氣化學當量)'이라고 불렀다. 이 전기화학당량은 그때까지 알려져 있던 '화학당량'에 대응하는 값이었다. 이 결과는 "다른 종류의 물질의 전해 생성물의 질량비는 화학당량의 비와 같다"라는 내용의 "패러데이의 제2법칙"으로 정리되었다.

5. 패러데이의 실험

전기분해에서 분해되는 물질량과 통과시킨 전기량의 관계를 명확하게 하기 위해서는 첫째, 통과시킨 전기량을 정확하게 측정하는 장치, 둘째 양적인 관계가 명확한 반응의 선택이 필요하다. 패러데이는 첫 번째 문제를 스스로 고안한 전량계로 해결했다.

패러데이가 보고한 예의 하나는 염화 제1주석 $SnCl_2$의 융해 전해다. 백금선을 융해한 염화 제1주석에 담그고, 그것을 전지의 양극으로 하고 전량계의 한끝을 전지의 음극, 다른 끝은 전기분해의 음극으로 한다.

음극에서는 금속 주석 Sn이 발생하여 백금전극에 부착한다. 양극에서는 염소 Cl_2가 발생한다. 이것을 화학반응식으로 나타내면

음극에서의 반응 $Sn^{2+} + 2e^- \rightarrow Sn$

양극에서의 반응 $2Cl^- \rightarrow Cl_2 + 2e^-$

그러나 양극에서 발생한 염소는 즉시 염화 제1주석과 반응하여 염화 제2주석 $SnCl_4$로 변한다.

$SnCl_2 + Cl_2 \rightarrow SnCl_4$

발생한 염화 제2주석은 가열에 의해 기화되고 장치의 입구에서 증기로 되어 나간다.

전량계에 충분한 양의 기체(수소와 산소의 혼합물)가 저장되자 전기분해를 중단하고 발생한 질량을 구했다. 그 결과는 다음과 같다.

발생한 기체 혼합물   0.49742gr(그레인)

석출한 주석의 질량   3.2gr

발생한 수소 1g에 대해서 석출한 금속의 질량을 위의 값으로부터 계산한다.

기체 혼합물은 산소와 수소로 이루어지고, 그중에서 수소가 전체 양의 1/9이라는 것은 물의 전기분해 실험으로 확인되었다. 이 기체 혼합물에는 $0.49742 \times (1/9)$gr(1gr $\fallingdotseq 64.8 \times 10^{-3}$g)의 수소가 함유되어 있다. 이만한 양의 수소를 발생시킨 전기가 3.2g의 주석을 석출시켰다. 따라서 수소 1g을 발생시키는 전기량이 석출하는 주석의 질량(xg)은

$$0.49742 \times \frac{1}{9}(\text{g}) : 1(\text{g}) = 3.2(\text{gr}) : x(\text{g})$$
$$x = 57.9(\text{g})$$

으로 구할 수가 있다. 57.9g의 주석이 석출되는 것이다.

전기분해에 있어서 사용하는 전기량을 변화시켜서 전기량과 전기분해되는 물질의 양 사이의 관계를 조사한다. 이것으로부터 제1법칙을 유도할 수 있다.

다음에는 여러 가지 물질을 일정량의 전기량을 사용하여 전기분해하고, 변화한 물질량을 조사한다. 이것은 제2법칙을 부여한다.

6. 우리의 실험

패러데이의 법칙을 확인하기 위해서는 적당한 장치로 전기분해를 하면 된다. 필요한 전류는 다니엘 전지를 조립해서 할 수도 있지만, 시중에서 팔고 있는 대형 건전지(이를테면 12V용) 또는 자동차용 축전지 등을 사용할 수도 있다.

(a) 다니엘 전지에 의한 전기분해

● 다니엘 전지의 조립

비커(250㎖)

둥근 질그릇관

전극 크램프 2개

구리 조각(전극용)

아연(전극용)

황산구리 1mol/l 용액

황산아연 1mol/l 용액

이상의 재료를 이용하여 다니엘 전지를 조립한다.

● 전기분해를 위한 회로 조립

전압계

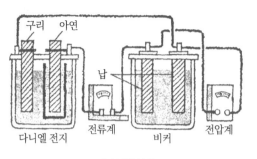

전기분해 실험

전류계(mA계)

비커(250ml)

전극용 납 막대 2

질산납 0.5mol/l 용액

전극 크램프

전극용 납 막대 하나를 정확하게 재서 Zn 표시를 한 다음 다니엘 전지의 아연 극에 접속한다. 또 한쪽의 납 전극도 질량을 측정한 후 Cu 표시를 하여 전류계의 마이너스 쪽에 접속할 수 있도록 도선을 달아 둔다. 전류계의 플러스 쪽은 다니엘 전지의 구리 극에 접속한다. 2개의 납 전극을 비커에 정확하게 고정하고 질산 용액 150ml를 비커에 가한다.

전류계의 플러스 쪽과 구리 극을 접속하면 회로가 닫히고 전류가 흐르며 전기분해가 시작된다. 전기분해는 1시간 동안 진행한다. 전류가 차츰 약해지기 때문에 10분마다 전류계의 수치를 기록하고, 그것을 바탕으로 평균 전류를 산출하도록 한다.

● 실험 정리 방법

실험 중의 평균 전류(암페어)

회로를 통과한 전체 전기량(쿨롱)

각 전극에서의 질량 변화(그램)

각 전극에서의 mol 수 변화

이 실험을 시간을 바꾸어 반복함으로써 제1법칙을 쉽게 증명할 수 있다. 제2법칙을 증명하기 위해서는 다른 종류의 전기분해를 시도하면 된다.

(b) 아보가드로수의 결정

전기분해에 관한 패러데이의 법칙은 아보가드로수를 결정하는 뛰어난 방법 중 하나다.

● 준비물

전기분해 장치

전지

가변저항

전류계

실험 자체는 아주 단순하며 10% 농도의 묽은 황산의 전기분해이다. 양극에 발생한 산소와 음극에 발생한 수소의 mol 수와 통과시킨 전기량으로부터 아보가드로수를 계산한다.

실험을 성공시키는 데는 통과시킨 전류를 일정하게 유지하는 것과 모든 측정을 되도록 정확하게 하는 일이 주요하다. 전류를 일정하게 유지하

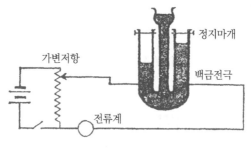

전기분해 장치의 구성

기 위해서 회로에는 가변저항과 전류계는 삽입한다.

● 전기분해 장치를 사용했을 경우에 필요한 데이터는

전류를 통과시킨 시간(초)

기압(mmHg)

온도(°C)

전류의 세기(A)

발생한 수소의 부피(대기압에서의)(㎖)

발생한 산소의 부피(대기압에서의)(㎖)

10% 황산의 증기압[이 증기압은 순수한 물의 증기압과 라울(Raoult)의 법칙(→ 제6장)으로부터 구할 수 있다]

● 전자 1개가 지니는 전기량

측정에 충분한 주의를 기울인다면 6.1×10^{23} 정도의 아보가드로수가 얻어질 것이다.

◆패러데이와 전문용어

화학이나 물리학을 배우기 시작했을 때 여러분을 괴롭히는 것 중 하나가 딱딱한 느낌을 주는 전문용어일 것이다. 전기화학 분야에도 적잖은 전문용어가 있어, 이것들이 화학을 약간은 서먹서먹한 것으로 만들고 있을지는 모른다.

그러나 새로운 학문 분야를 처음으로 개척했던 사람은 여러분들보다 더 곤란한 입장에 있었다. 자신이 발견한 현상이나 법칙을 표현하기 위해 사용해야 할 용어가 아직 없었기 때문이다. 그런 입장에 놓였던 패러데이는 전기화학 용어를 명확하게 정의할 필요를 느꼈다.

그래서 그는 고전어(그리스어나 라틴어)의 전문가이자 후에 유명한 과학사가(科學史家)가 된 위엘에게 협력을 요청했다. 두 사람은 먼저 전기분해를 받는 물질을 '전해질(electrolyte)'이라고 부르기로 정했다. 'lyte'는 그리스어의 '풀다'에서 유래한다. '전극(electrode)'이라는 용어도 정했다. 'rode'는 그리스어의 '길'에서 따왔다.

두 종류의 전극의 명명이 문제였다. 패러데이는 그리스어의 알파벳인 알파(α), 베타(β)에 연유하는 알포드와 베토드, 또는 전기화학을 개척한 볼타와 갈바니에 연유하는 볼토드와 갈바노드 등을 제안했었다. 그러나 위엘은 이것에 반대였다. 이것으로는 두 전극의 특징이 전혀 나타나지 않기 때문에 혼란이 생길 것이라는 예측이었다.

패러데이는 전류가(다니엘 전지로 말하면) 구리 극에서 흘러 나가 아연 극으로 들어간다고 생각하고 있었다. 전류의 흐름을 태양의 운동에 비유해, 전류가 구리 극에서 올라가기(ano) 시작한다는 의미에서, 구리 극을 '양극(anode)'으로 부르기로 했다. 이어서 전류는 내려가서(cath) 아연 극으로 들어가므로 아연 극은 '음극(cathode)'이 되었다.

패러데이가 정한 전기화학 용어 중에서 가장 보편적인 것은 이온(ion)과 그것에 수반하여 만들어진 '양이온', '음이온'일 것이다. 이온은 그리스어의 '가다(io)'에서 따온 말이다. 패러데이는 전기분해에 즈음하여 전해액 속에서 이동하여 전극에서 생성하는 물질을 이온이라고 불렀다. 이온 중에서 양극으로 올라가는 것은 '아니온(anion)', 음극으로 내려가는 것을 '카티온(cathion)'이라고 부른 것도 위와 같은 이유에서다.

뒤에서 언급하듯이 패러데이는 이온이란 도대체 무엇인지를 확실히 알지 못하고 있었다. 이온이 전하를 띤 원자 또는 원자단(原子團)이라는 것을 알게 된 것은 훨씬 뒤의 일이다.

7. 패러데이의 법칙에 대한 평가

분자설에서 말했듯이 패러데이의 법칙은 아보가드로수를 결정하는 확실한 방법 중 하나이다. 그런데 패러데이의 법칙이 발표된 1832년에는 원자량의 문제가 아직껏 혼돈 상태에 있었는데도, 이 법칙이 원자량의 문제 해결에 도움이 되리라는 사실을 알아낸 사람은 없었다.

그 이유는 여러 가지가 있다. 어쨌든 패러데이 자신이 원자의 존재를 인정하지 않았다는 것을 고려해야 했다. 패러데이도 데이비도 원자의 존재를 인정할 필요를 느끼고 있지 않았다. 패러데이는 전기화학량을 발견하기까지 화학량이 관계할 만한 연구도 하지 않았었다. 또 자신의 연구를 원자량의 결정으로까지 확장해 나가려는 의사도 없었다.

패러데이와는 별개로 원자량의 결정에 온갖 정력을 쏟고 있었던 베르셀리우스는 패러데이의 연구의 본질적인 중요성을 즉각적으로 인식했어야만 했다. 그러나 그는 전기량과 전위(電位)를 혼동했기 때문에 즉 전기분해에 소요되는 전기량은 원자 간의 친화력의 강약에 관계된다고 생각했기 때문에 패러데이의 법칙의 가치를 충분히 인식할 수가 없었다. 그 때문에 원자량의 문제가 일단락이 된 것은 카를스루에서 있은 회의(1860년) 이후가 되어 버렸다.

전기화학당량의 의미가 원자설의 확립으로 명확해지자 패러데이의 제2법칙은 "1그램당량의 물질을 변화시키는 데 필요한 전기량은 물질의 종류에 상관없이 일정하다."라고 정리되었다. 이 일정량은 '1패럿(farad: F)'이라고 불리게 되었다. 약 96,500(쿨롱)이다.

또 실험에서 알 수 있듯, 그리고 제4장에서 설명했듯이 패러데이의 법칙은 아보가드로수를 구하는 확실한 방법 중 하나가 되었다. 그 전제가 된 것이 미국의 물리학자 밀리컨의 실험이다. 그는 자신이 직접 고안한 유적법(油滴法)에 의해서 전자 1개가 지니는 전기량 e를 아주 정확하게 산출하는 데 성공했다. 그것에 따르면

$$e = 1.602 \times 10^{-19} (C)$$

이다. 아보가드로수 개의 전자가 지니는 전기량 1F가 될 것이다. 그러므로 아보가드로수는

$$N = \frac{96500}{1.602 \times 10^{-19}} = 6.02 \times 10^{23}$$

으로 구해진다.

국제단위계에서 전자 1mol(아보가드로수 개의 전자)이 갖는 전하 $9.684670 \times 10^4 C \cdot mol^{-1}$(쿨롱/몰)은 '패러데이상수'라고 불리며, 진공 속의 광속이나 기체상수 등과 더불어 기본 물리상수의 하나가 되었다. 패러데이의 이름은 전기용량의 단위 '패럿(Farad)'에도 남아 있다. 기본적인 상수나 단위에 두 개의 이름을 남긴 학자는 그뿐이다.

8. 전기분해 이론

패러데이의 법칙을 유도한 실험을 통해서 패러데이는 전류의 발생이 단순히 두 종류의 다른 금속의 접촉에 의한 것이 아니라는 것을 명확히 제시했다. 패러데이는 다음과 같이 말하고 있다. "만약 일부 학자들이 생각하는 것처럼 두 종류의 금속의 접촉만으로써 물질을 분해하는 힘을 갖는 전류가 발생하는 것이라면, 이것은 무(無)에서 힘을 만드는 것이 된다. 이런 일은 있을 수가 없다. 그러나 하나의 힘을 다른 힘으로 바꿀 수는 있다. 에르스텟(H. C. Oersted, 1777~1851)이나 내(패러데이)가 성공했듯이, 전기와 자기를 서로 변환시킬 수는 있다. 전기뱀장어나 전기가오리의 경우

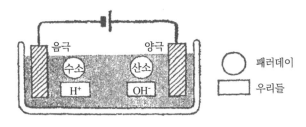

패러데이

우리들

패러데이가 생각한 이온

조차 힘의 발생을 위해 그것에 해당하는 다른 힘이 소비되어야 한다……."

이 생각은 사실상 '에너지 보존의 법칙'을 말하고 있는 셈이다. 영국의 물리학자 줄(J. P. Joule, 1818~1889)이 좀 더 명확한 방법으로 열과 일이 등가(等價)인 것을 제시한 것은 1840년대가 되고서의 일이다.

그런데 우리는 전기분해와 관련하여 '이온'이라고 하면 수소이온 H^+나 수산화물이온 OH^-를 떠올린다. 이것은 원자설이나 분자설을 전제로 한 생각이다. 원자설과 분자설이 확립되지 못했던 시대의 패러데이가 생각한 이온이란 어떤 것이었을까?

패러데이는 전기분해의 산물을 이온이라고 불렀다. 물을 전기분해하면 양극에서는 산소, 음극에서는 수소가 발생하는데, 패러데이에게는 이 것들이 이온이었다. 우리가 생각하는 양이온은 수소이온 H^+이고, 음이온은 수산화이온 OH^-이다.

패러데이가 생각한 이온이 현재 우리가 이해하고 있는 이온으로 어떻게 바뀌어 왔던 것일까? 이는 전기분해의 이론, 더 광범위하게 말하면 전해질 용액 이론의 발전의 발자취를 더듬어 봐야 알 수 있다.

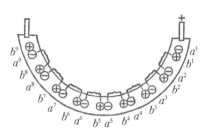

그로투스에 의한 물의 전기분해

패러데이는 전기분해에 관한 법칙을 만들고 용어를 정리하기는 했었지만, 전기분해의 메커니즘 자체를 밝힌 것은 아니었다.

이 점에 대해서는 아래의 두 가지 문제가 있었다.

(i) 용액에서 전기를 운반하는 것은 물이냐, 또는 물에 가해진 물질(전해질)이냐?

(ii) 전해질의 어느 부분을 양이온 또는 음이온이라고 부르느냐?

이런 종류의 문제에 대해서 독일의 화학자 그로투스(C. J. D. F von Grotthuss, 1785~1822)는 패러데이보다 이전에 명확하게 그의 견해를 말하고 있다.

그로투스는 전기분해에 의해서 발생하는 물질(패러데이가 말하는 이온)이 전극 부근에서만 나타난다는 것에 주목했다. 물 분자(그의 시대에는 물은 HO로 나타냈다)는 양전기의 성분인 수소 H와 음전기의 성분인 산소 O로 이루어진다. 전극의 전기가 끼친 영향으로 모든 물 분자는 산소가 양극으로, 수소가 음극으로 향하게 배열되었다.

전극에 직접 접하고 있는 분자는 원자로 분해되어 각각 산소와 수소가 발생하는 한편, 나머지 물 분자는 그 성질을 바꾸는 일이 없이 원자를 교환한다. 그림의 ⌣는 전기분해 후의 새로운 분자를 가리키고 있다.

베르셀리우스는 황산나트륨 $NaSO_4$ 수용액의 전기분해를 예로 들었다. 양극에서는 산소가 발생하고 황산이 전극 부근에서 발생하는 한편, 음극에서는 수소가 발생하고 수산화나트륨이 전극 부근에 발생한다. 그는 황산나트륨은 $Na_2O \cdot SO_3$로 나타내고 Na_2O가 양이온, SO_3가 음이온이라고 생각했다. 이들은 전극으로 운반되어 물과 반응하고, 각각은 염기나 산으로 되었다. 한편 전극에서 발생하는 수소와 산소는 전해질과는 따로 물의 분해에 의해서 발생한다. 베르셀리우스의 견해를 현재 사용하고 있는 화학식으로 나타내면 다음과 같다.

$$Na_2O \cdot SO_3 \rightarrow Na_2O + SO_3 \xrightarrow{H_2O} 2NaOH + H_2SO_4$$

$$2H_2O \rightarrow 2H_2 + O_2$$

다니엘 전지의 발명으로 알려진 영국의 화학자 다니엘(J. F. Daniell, 1790~1845)은, 일반적으로 염류는 베르셀리우스가 생각한 것과 같은 산의 무수물(無水物, 이를테면 SO_3)과 금속산화물(Na_2O)의 화합물이 아니라 금속(Na)과 산의 기(基, SO_4)와의 화합물이라고 생각해야 할 것이라고 말했다. 다니엘의 설에 따르면 양이온은 Na, 음이온은 SO_4가 된다.

그 후 독일의 물리학자 클라우지우스는 1857년에, 전해질은 양전하를 갖는 부분과 음전하를 갖는 부분이 단단하게 결합한 것으로서 수용액 속에서는 이 두 부분은 일종의 진동상태에 있고 서로 상대를 재빠르게 교환하고 있다는 견해를 발표했다.

전해질 용액에 전류를 통과시키면 이 진동은 이미 불규칙한 것이 아니게 되고, 진동하는 사이에 양전하를 갖는 부분은 음극 방향으로, 음전하를 갖는 부분은 양극 방향으로 이동하여 전기분해가 일어난다. 클라우지우스의 이 가설은 그로투스의 가설과는 달리, 전류는 전기분해를 일으키는 것이 아니라 단순히 전기를 띤 입자가 그 반대 전하를 갖는 극 쪽으로 향하게 하는 작용을 할 뿐이다.

이리하여 전기분해 현상이 발견되고서부터 반세기 이상 경과한 뒤에야 본래 중성(中性)인 전해질 분자가 전기를 띤 부분(이온)으로 갈라진다는 생각이 싹트기 시작했다. 이것이 '전리설(電離說)'의 조짐이었다.

제6장

아레니우스의 전리설

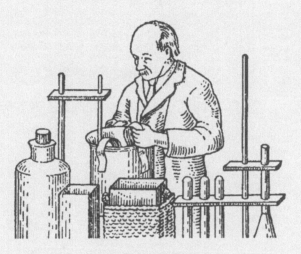

〈전리설을 구축한 아레니우스〉

전해질을 물에 녹이면 그 일부는 이온으로 갈라져 나간다. 즉 전리한다.
아레니우스

전기분해 이론이 형성되어 가는 과정에서 전기분해 시 전해질이 플러스와 마이너스의 두 부분으로 갈라져 나간다는 사고가 적립되었다. 한편 물질은 양성인 원자와 음성인 원자가 전기적인 인력으로서 서로 흡인함으로써 결합한다는 견해가 당시의 지배적인 화학 이론이었다.

이들 두 가지 사고방식은 당시에는 모순이 없어 보였다. 외부로부터 가한 전기적인 힘이 원자 사이에 작용하는 전기적인 힘을 이겨 내어 전기분해가 일어났다고 생각되었기 때문이다.

이와 같은 사고방식이 지배적이던 때 제안된, 전기장(電氣長) 아래에 놓여 있지 않을 때도 전해질은 항상 이온으로 전리(電離)하고 있다고 하는 전리설(電離說)은 그 당시에는 받아들여지지 않았다. 분자를 이온으로 떼어 놓은 힘이 도대체 무엇이냐는 반론이 일어나는 것은 당연한 일이었다.

그러나 얼핏 보기에는 서로 관련이 없는 몇 가지 실험적인 사실이 전리설로 잘 설명될 수 있었다. 특히 전해질 용액의 삼투압이나 어는점 내림이 전리설에 의해서 통일적으로 설명되었다.

전리설 자체는 결코 완전한 이론은 아니며 그 후 여러 차례 수정되었지만, 물질의 구조를 탐구하는 연구에 새로운 방향을 제시했다.

1. 이온의 이동 속도

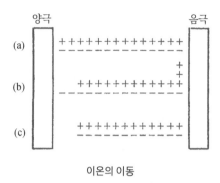

이온의 이동

그로투스의 견해는 약 50년에 걸쳐서 전기분해의 이론으로 통용되어 왔다. 그러나 식염수의 전기분해 시 식염수의 농도는 용액 속에서 반드시 균일하게 묽어지는 것이 아니라는 것이 밝혀졌다.

깨끗한 청색을 나타내는 황산구리 $CuSO_4$ 수용액의 전기분해에서는 이 현상이 뚜렷하게 눈에 보였다. 용액의 청색은 전기분해가 진행되면서 차츰 묽어지는데, 그것은 결코 균일하지 않았고 양극 부근에서 청색의 소실이 가장 두드러졌다.

이들 현상에 대해서 독일의 물리학자 히토르프(J. W. Hittorf, 1824~1914)는 전해질 용액에 삽입한 2개의 전극에 전압을 가하면 용액 속을 양 또는 음전하를 지닌 입자가 이동함으로써 전하를 운반하는 것이라고 생각했다. 또 그는 "전해질 용액 속을 전하를 띤 입자가 이동하는 속도는 입자의 종류에 따라서 달라진다."라고 말했다. 양 또는 음전하를 띤 입자, 즉 이온은 물속을 다른 속도로서 이동한다.

그림을 보며 생각해 보자. 전기분해가 시작되기 전의 상태는 (a)로 나타낸다. 이해하기 쉽게 전기분해가 시작돼도 양이온만 이동할 수 있다고 생각하자. 어느 정도 경과한 후에 2개의 양이온이 좌에서 우로 이동했다. 그러나 음이온은 전혀 움직이지 않고 있다(b). 여기서 2개의 양이온의 음극으로부터 2개의 전자를 얻어 금속이 된다. 용액 속의 양이온의 총 수와 음이온의 총 수는 같아야 하기 때문에 양극에서도 2개의 음이온이 전자를 상실하게 된다(c).

전해질은 전체로서 감소하는 것이 당연하지만, 감소하는 방법은 한결같지 않다. 잘 움직이는 양이온은 양극 쪽에서 그 농도가 감소한다.

히토르프는 전기분해가 진행하는 도중에 전해질의 조성을 조사하면 양이온과 음이온의 상대속도를 얻을 수 있다는 것을 알아냈다. 실제로 농도에는 뚜렷한 차가 나타났고 이온의 상대속도를 구할 수 있었다(1853년). 이리하여 전기분해의 메커니즘이 일부나마 밝혀지게 되었다. 도선 속을 흐르는 전류의 본성이 무엇이냐는 것을 차치하면, 적어도 용액에서는 전하를 띤 입자(이온)가 다른 속도로 이동함으로써 운반되는 것이다.

2. 콜라우슈의 법칙

히토르프가 생각했듯이 전기분해 때 용액 속에서 전기를 띤 입자(이온)가 전기를 운반하는 것이라고 한다면 전해질 용액이 나타내는 저항은 이온의 이동용이성(移動容易性)을 가리키는 가늠이 될 것이다. 이온의 이동이 빠르면 저항이 작고, 이동이 느리면 저항이 크다는 말이다.

이 점에 주목한 독일의 물리학자 콜라우슈(F. W. G. Kohlrausch, 1840~1910)는 전기분해 조건 하에서 전해질 용액의 저항을 측정하기로 했다. 저항은 전해질의 종류나 농도에 따라서 변화했다.

저항의 크다는 것은 전기를 전도하기 어렵다는 것으로 바꿔 말할 수 있다. 콜라우슈는 전기의 전도용이성(傳導容易性), 즉 전기전도율을 이렇게 정의했다.

$$전기전도율 = \frac{1}{저항}$$

전기전도율은 전해조(電解槽)를 만드는 방법에 따라서 변화하기 때문에 비교하기 쉽도록 1cm 떨어져 있는 전극 사이에 1mol 전도율이라고 정의했다.

단순하게 생각하면 극판 사이에 전하를 운반하는 이온 1mol이 존재하는 것이므로 mol 전도율은 농도와 관계가 없어도 된다.

그런데 실제로 측정하면 mol 전도율은 농도가 묽어지면 차츰 커진다. 염화칼륨의 경우 농도를 $0.100mol/l$에서 $0.001mol/l$로 변화시키는 동안에 mol 전도율은 약 20%나 커졌다.

그래서 콜라우슈는 각종 물질의 mol 전도율을 농도의 제곱근 $\sqrt{c}$에 대해 도표로 만들어 본즉(그림) 염산 HCl이나 염화칼륨 KCl에 대해서는 거의 직선이 얻어졌다.

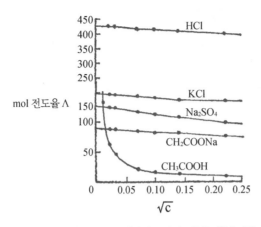

몇 가지 전해질 수용액의 25°C에서의 mol 전도율을 $\sqrt{c}$에 대해서 도표화한 것

이 직선을 $\sqrt{c} = 0$인 곳까지 연장했을 때의 mol 전도율의 값은 도대체 무엇을 의미하는 것일까? 농도가 0이므로 전해질은 전혀 함유되어 있지 않느냐 하면 꼭 그렇지는 않으며, 용액을 차츰 묽게 했을 때의 극한 상태와 대응하고 있는 것으로 보아도 된다.

콜라우슈는 이 극한 상태에서 양이온과 음이온이 서로 영향을 받지 않고 독립적으로 이동한다는 것을 알아챘다. 농도가 높으면 두 종류의 이온은 각각의 전극으로 향해 이동할 때도 서로 흡인하여 이동 속도를 저하시킨다. 무한히 묽게 한 상태에서 각 이온은 고독한 주자인 것이다.

이렇게 생각하면 염류, 이를테면 염화나트륨 NaCl의 극한 상태에서의 전도율을 Λ^∞로 나타내면, Λ^∞는 두 종류의 이온 Na^+와 Cl^-의 극한 상태에서의 고유 전기전도율 Λ^+와 Λ^-의 합으로 나타날 것이다(각 이온의 극한 mol 전도율이라고 부르기도 한다).

이온 Λ^+		이온 Λ^-	
H$^+$	349.8	OH$^-$	198.3
Na$^+$	50.1	Cl$^-$	76.4
K$^+$	73.5	CH$_3$COO$^-$	40.9

이온의 극한 mol 전도율(S·cm^2/mol)

$$\Lambda^\infty = \Lambda^+ + \Lambda^-$$

이것을 '콜라우슈의 독립 이동의 법칙'(1885년)이라고 한다.

표에 극한 mol 전도율의 값이 제시돼 있다. 단위 S는 지멘스(siemens)라고 한다. S는 전기가 전도하기 쉬운 척도라고 생각하기보다는 1/저항(Ω)이라고 생각하는 편이 알기 쉬울 것이다. 이 표의 사용 방법은 매우 간단하다. 이를테면 145쪽의 그림에는 염화나트륨 데이터가 없지만, 표의 값으로 쉽게 계산해 낼 수가 있다.

무한히 묽게 한 상태에서는 다음처럼 나타난다.

$$\Lambda^\infty(NaCl) = \Lambda^+(Na^+) + \Lambda^-(Cl^-)$$
$$= 50.1 + 76.4$$
$$= 126.5$$

표의 mol 전도율의 값이 이온의 이동 속도와 좋은 상관관계를 보인다는 것에 주의하자.

그런데 콜라우슈는 이렇게는 다룰 수 없는 한 무리의 물질이 있다는 사실을 알았다. 그 예는 그림에도 나타나 있는 아세트산 CH_3COOH이다. 농도가 높은 곳에서는 그래프가 직선을 가리키지만, 농도가 낮아지면서 전도율이 급속히 커지고, 농도 0의 극한 상태에서는 무한대의 전도율을 보인다. 이온의 mol 전도율로부터 극한 상태에 값을 계산할 수도 없다. 염화나트륨을 대상으로 한 연구를 아세트산에 적용해 본들 소용없다.

즉

$$\Lambda^\infty(CH_3COOH) = \Lambda^+(H^+) + \Lambda^-(CH_3COO^-)$$
$$= 349.8 + 40.9$$
$$= 390.7$$

가 되지 않는다.

이것은 도대체 어떻게 된 까닭일까? 콜라우슈는 이온의 독립 이동의 법칙을 따르는 것을 '강(强) 전해질', 그렇지 않은 것을 '약(弱) 전해질'이라고 불렀는데, 이 두 가지에는 어떤 차이가 있을까?

전기분해의 메커니즘이 차츰 밝혀져 감에 따라 다시 새로운 미지의 일들이 나타났다.

3. 삼투압의 발견

채소에 소금을 뿌려 주무르면 수분이 밖으로 빠져나가고 채소의 풀

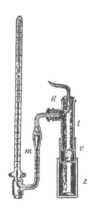

페퍼가 사용한 삼투압 측정 장치

이 죽는다는 것은 예부터 알려져 있었다. 그러나 이것을 과학적인 현상으로 파악한 최초의 사람은 18세기 프랑스의 물리학자 놀레(J. A. A. Nollet, 1700~1770)였다.

놀레는 병에 알코올을 채워 그 주둥이를 돼지의 방광막으로 막아 공기로부터 차단하기 위해 물속에다 병을 가라앉혔다. 그러자 두세 시간이 지난 후 막은 팽창되어 있었다. 그래서 시험 삼아 그 막을 바늘로 찔러 봤더니 내용물이 높이 뿜어 올랐다.

놀레는 그 반대로도 실험해 보았다. 병 속에 물을 넣고 방광막으로 입구를 봉한 뒤, 이번에는 알코올 속에 담가 보았다. 막은 차츰 오므라들었다. 이를 관찰한 후 놀레는 "방광막의 한쪽에는 물, 다른 쪽에는 에탄올과 접하면, 두 액체는 막을 통과하려고 서로 다투는데, 막은 물 쪽을 우선적으로 통과시킨다."라고 말했다.

그 후 '삼투압(滲透壓)'은 세포학자의 이목을 끌었다. 새 잎사귀의 팽창은 이 삼투압에 의한 것이다. 세포의 살아 있는 원형질막(原形質膜)은 용질의 통과를 방해하고 이 때문에 삼투압이 발생한다. 살아있는 세포 속에서 작용하는 삼투압을 인공적으로 재현하기 위해 방광막과 같은 작용을 하는 막을 다공성(多孔性) 오지그릇 안쪽에 만든 장치가 사용되었다.

독일의 식물학자 페퍼(W. Pfeffer, 1845~1920)가 사용했던 장치는 그림과 같다. z가 반투막을 가진 오지구이 통이고, v, t는 유리로 만든 부분이며, 이것에 수은압력계 m이 고정되어 있다. 1877년경 페퍼는 용기 z에 1%의 설탕 용액을 채우고 이것을 순수한 물속에 가라앉히면 물은 z로 스며들지만 자당은 z의 바깥으로 나오지 못하기 때문에 삼투현상이 나타난다. 압력계의 지침은 수은주의 약 50cm(약 2/3기압)까지 다다랐다.

페퍼의 이 발견이 지니는 중요성은 당시에는 인정되지 않았다. 한편 멘델(G. J. Mendel, 1822~1884)의 법칙을 재발견(1900년)한 것으로 유명한 네덜란드의 식물학자 더프리스(H. De Vries, 1848~1935)는 식물이 시드는 현상을 연구했다. 민물에 담그면 싱싱해지고, 세포액보다 진한 염류용액에 담그면 탈수로 말미암아 시드는데, 이 중간 농도를 적당히 선택하면 물의 드나듦이 없는, 즉 세포액과 삼투압이 같은 염류의 수용액을 만들수가 있었다. 더프리스는 이들 수용액의 어는점(순수한 물보다 낮다!)이 모두 같다는 사실을 발견했다. 이것은 '어는점 내림'과 삼투압을 결부시키는 중요한 열쇠였다.

4. 판트호프의 삼투압과 법칙

더프리스의 실험 결과가 페퍼의 실험과 함께 암스테르담대학의 동료이자 물리화학자인 판트호프(J. H. vant Hoff, 1852~1911)에게 전해졌다. 판트호프는 이 현상이 화학에서 매우 중요한 의미를 지닌다는 사실을 간파했다. 그리하여 조직적인 연구를 시작했다.

그는 먼저 설탕 수용액의 삼투압을 측정하여 표와 같은 결과를 얻었다. 삼투압을 농도로 나눈 값은 거의 일정했다. 이것은 기체의 압력과 mol 수와의 관계에 대응하고 있다. 밀폐된 용액 속의 용질 분자는 밀폐된 기체와 마찬가지로 그 용기에 압력을 미치고 있다. 그 압력은 온도와 용기의 부피가 일정하면 벽에 충돌하는 분자 수에 비례한다. mol 수(기체 또는 용질의)를 일정하게 두고 부피를 2배로 하는 것과, 부피를 일정하게 두고 기체 또는 용질의 mol 수를 1/2로 하는 것과 같다. 이것을 고려하면 삼투압은 보일의 법칙을 따르는 셈이다.

판트호프는 또 삼투압이 샤를의 법칙도 따른다는 것을 확인했다. 페퍼

농도(c) (%)	삼투압(p) (mmHg)	$\dfrac{p}{c}$
1	535	535
2	1016	508
4	2082	521
6	3075	513

설탕 용액의 삼투압

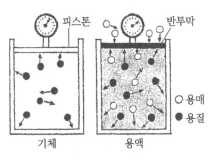

판트호프에서의 기체와 액체의 아날로그

도 온도를 높이면 삼투압이 높아진다는 사실은 이미 알고 있었지만, 판트
호프는 이것을 열역학으로부터 이론적으로 이끌어 내는 데 성공했다.

기체에 대한 상태방정식(판트호프에 의해 제안되었다)은 보일의 법칙과
샤를의 법칙으로부터 이끌어진다는 것은 이미 설명하였다.

$$pV = RT$$

p는 기체의 압력, V는 기체의 부피, T는 절대온도, R은 기체상수라고
불리게 된 비례상수이다.

판트호프는 이 관계식을 용액에까지 확장했다. 즉 삼투압과 온도가 같
을 때, 여러 가지 다른 용액의 일정한 부피 속에는 같은 수의 분자가 함유
되어 있다. 이와 마찬가지로 같은 압력과 같은 온도에서, 같은 부피의 기
체에는 같은 수의 기체분자가 함유되어 있다.

그는 또 기체상수를 산출했다. 또 이 상수를 사용한 삼투압의 계산값

이 실측값과 잘 일치한다는 것을 제시했다.

기체와 용액이라고 하는 얼핏 보기에는 전혀 다른 구조를 갖는 두 계열에서 단 한 가지 법칙이 성립된다는 발견은, 당시 사람들에게 커다란 감명을 안겨 주었다. 자연은 보기에는 매우 복잡하지만, 그것을 지배하고 있는 법칙은 단순하며 또 그 수도 한정되어 있다.

삼투압 이론의 완성은 물질의 분자량을 측정하는 새로운 방법이 만들어졌다는 것을 의미했다. 아보가드로의 법칙을 사용함으로써 기체분자의 분자량 측정이 가능해졌는데, 삼투압법에서는 기화하기 곤란한 물질, 이를테면 설탕의 분자량 측정의 길이 트인 것이다.

5. 라울의 법칙

용액과 순수한 액체를 비교하면 용액의 끓는점이 약간 높다는 사실은 이미 패러데이도 알고 있었다(1882년).

용액이 가리키는 끓는점과 순수한 용매가 가리키는 끓는점의 차이를 용액의 '끓는점 오름'이라고 한다. 이를테면 10%의 식염수의 끓는점은 약 101.94°C이므로, 끓는점 오름은

$$101.94°C - 100°C = 1.94(도)$$

이다. 용액의 어는점은 어김없이 순수 용매의 어는점보다 낮다. 이 차이를 '어는점 내림'이라고 한다. 10% 식염수의 어는점은 약 -7.07°C이므로 어

	어는점(℃)	K_f	어는점(℃)	K_b
물	0.00	1.86	100.0	0.51
아세트산	16.6	3.90	—	
벤젠	5.5	5.12	80.1	2.53
에틸알코올	—		78.4	1.20

mol 어는점 내림 K_f와 끓는점 오름 K_b

는점 내림은

$$0℃ - (-7.07℃) = 7.07(도)$$

이다.

그러나 용질의 양과 끓는점 오름과의 관계는 다음과 같은 이유로 명확하게 알 수 없었다.

프랑스의 화학자 라울(F. M. Raoult, 1830~1901)은 용질로서 당시 화학자들이 사용했던 염류가 아니라 유기물을 사용하여 끓는점 오름이나 어는점 내림을 조사했다. 1882년에 그는 100g의 물에 1g을 함유하는 수용액이 어는점 내림과 용질의 분자량을 곱하면 거의 상수가 된다는 사실을 알았다. 이것은 어는점 내림이 용질의 종류가 아니라 그 분자 수만으로 결정된다는 것을 뜻했다. 여기에도 기체의 성질과의 유사성이 인정되었다.

라울은 100g의 용매(물, 벤젠 C_6H_6, 니트로벤젠 $C_6H_5NO_2$, 디브로모에탄 CH_2BrCH_2BR, 포름산 HCOOH, 아세트산 CH_3COOH)에 각종 물질 1g

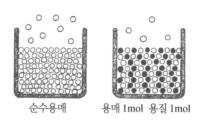

순수용매   용매 1mol 용질 1mol

증기압 내림과 그 설명

을 녹여서 어는점을 측정했다. 어는점 내림이 모든 경우에서 관측되었다. 그 값 A에 용질의 분자량 M을 곱한 양 MA를 mol 어는점 내림으로 정의 하면, MA는 광범한 용질에서 일정하다는 사실을 라울은 인정했다. 오늘 날 용매 1kg에 용질 1mol을 녹인 용액이 가리키는 어는점 내림을 mol 어 는점 내림이라고 정의하고 있다. 표에 두세 가지 용매의 mol 어는점 내림 과 mol 끓는점 오름을 제시했다.

라울은 똑같은 결과를 용액의 증기압 내림에서 볼 수 있었다. 즉 갖가 지 비휘발성 용질과 용매의 조합을 통해 관측되는 용액의 증기압 내림, 즉 순수 용매의 증기압 P_0와 용액의 증기압 P의 차 $\Delta P = P_0 - P$는 용질의 농 도에 비례한다는 것을 확인했다. 100분자의 용매에 대해서 1분자의 용질 이 포함되어 있는 것과 같은 계열에서는, 용액의 증기압은 용매의 증기압 에 비해서 1%가 저하했다. 요즘 식으로 표현하면 용액의 증기압은 용매의 증기압과 용매의 mol 분율(分率) x와의 곱으로 나타난다. 즉

$$P = xP_0$$

mol	NaCl	HCl	CuSO$_4$	H$_2$SO$_4$
0.001	3.66	3.690		
0.01	3.604	3.601	2.703	4.584
0.1	3.478	3.523	2.08	3.940
1.0	3.37	3.94	1.72	4.04

전해질 수용액의 어는점 내림 iK_f

mol	NaCl	HCl	CuSO$_4$	H$_2$SO$_4$
0.001	1.97	1.98		
0.01	1.94	1.94	1.45	2.46
0.1	1.87	1.89	1.12	2.12
1.0	1.81	2.12	0.93	2.17

판트호프의 i계수

지금의 경우 x는 약 0.99이므로 $P_0 - P \fallingdotseq 0.01P_0$이다.

순수 용매에서 표면에 있는 것은 모두 용매 분자 0이다. 용질과 용매를 1mol씩 섞은 용액에서 표면에 있는 용매 분자는 순수 용매인 때의 절반으로 줄어들었다. 그런데 기화할 수 있는 것은 표면에 있는 분자뿐이기 때문에 이 1:1의 용액에서 용매가 가리키는 증기압이 최초의 1/2이 되는 것은 당연한 일이다.

그러나 라울은 이것에는 중대한 예외가 있다는 것을 알았다.

염류, 산, 염기 등의 많은 무기물은 그의 이론이 요구하는 것보다 높은 어는점 내림을 나타냈다.

판트호프는 라울의 법칙을 따르지 않는 물질에서 삼투압은 상태방정식 PV = RT에도 따르지 않는다는 것을 알아냈다. 식염 등이 대표적인 것이었다. 그 이유를 밝히지 못한 채 판트호프는 이런 종류의 물질에 대해 상태방정식을

$$PV = iRT$$

로 썼다. 판트호프의 i 계수는 농도에 따라서 변화하지만, 같은 용질이면 삼투압에 대해서도, 어는점 내림에 대해서도 사용할 수 있었다. 즉 이들 물질에 대해서는 K_f 대신 iK_f, K_b 대신에 iK_b를 사용하면 되었다. i는 용질에 고유한 것으로서 무엇을 측정하고 있느냐는 관계가 없었다. 표에는 전해질 용액의 어는점 내림의 데이터와 그것으로 구한 판트호프의 i 계수의 예가 제시돼 있다.

6. 아레니우스의 전리설

식염과 같은 물질이 삼투압이나 증기압 내림, 어는점 내림 등에서 나타내는 이상성(異常性)을 모조리 서명할 수 있는 이론은 1880년대 후반에 스웨덴의 화학자 아레니우스에 의해서 제출되었다.

아레니우스는 "전해질을 물에 녹이면 그 일부는 이온으로 분리된다." 즉 '전리(電離)'한다고 주장했다. 식염의 경우로 말하면 양이온인 나트륨이온 Na^+와, 음이온인 염화물이온 Cl^-으로 갈라진다고 말했다. 이것을 아

레니우스의 '전리설'이라고 한다.

1887년에 그는 대부분의 염이나 강한 산, 강한 염기에서 해리(解離)는 거의 완전하게 이루어진다고 주장했다. 이 때문에 이들 용액의 화학적 성질은 개개 이온의 성질의 합으로 나타낼 수 있을 것이다.

완전하게 해리되어 있지 않은 전해질도 물을 가해서 농도를 낮추면 마지막에는 완전히 해리된다. 해리했을 때의 용액이 가리키는 전기전도율은 그 각 구성 이온의 전도율로 알 수 있기 때문에(콜라우슈), 아레니우스는 해리하고 있는 분자의 전체에 대한 비율을 '해리도(解離度)' α라고 부르고 다음의 식으로 정의했다.

$$\alpha = \frac{\text{해리하고 있는 분자수}}{\text{전체 분자수}} = \frac{\text{실측 전도율}\ (\Lambda)}{\text{계산 전도율}\ (\Lambda_\infty)}$$

아레니우스는 곧 α와 i 사이의 관계를 알아챘다. 염화나트륨의 판트호프의 i 계수가 2라는 것은 외관상 입자가 2배 포함되어 있다는 것을 의미한다. 이 수는 $NaCl$이 완전히 해리해서 생기는 이온수(Na^+와 Cl^-)에 대응한다.

가장 일반적인 경우를 생각해 보자. 전해질 A_aB_b가 전리하여 a개의 1가(價) 양이온과 b개의 1가 음이온이 된다고 하자.

$$A_aB_b \rightleftarrows aA^+ + bB^-$$

전해질의 mol 농도를 m, 해리도를 α로 하면 해리되지 아니하는 전해
질의 농도는

$$m - m\alpha = m(1 - \alpha)$$

양이온, 음이온의 농도는 각각 maα, mbα이므로, 분자의 이온 총수는
a + b = v로 두면

$$m(1 - \alpha) + ma\alpha + mb\alpha$$
$$= m(1 - \alpha) + ma v$$

i는 정의에 의해서

$$i = \frac{m(1 - \alpha) + ma v}{m} = 1 - \alpha + \alpha v$$

$$\therefore \quad \alpha = \frac{i - 1}{v - 1}$$

즉 해리도 α에는 두 가지로 구하는 방법이 있다. 하나는 전기전도율로
부터, 또 하나는 응고점강하 등으로부터 구해지는 i 계수로부터다. 이 두
가지는 서로 전혀 관계가 없는 실험 방법이지만, 그럼에도 불구하고 같은
결과가 나타난다면 근본이 되는 이론, 즉 전리설이 타당하다는 증거라고

mol	Λ	$\alpha = \dfrac{\Lambda}{\Lambda_0}$	i	$\alpha = \dfrac{i-1}{2-1}$
0	(426.16)	1.00		
0.001	421.36	0.99	1.98	0.98
0.005	415.80	0.98	1.95	0.95
0.01	412.00	0.97	1.94	0.94
0.05	399.09	0.94	1.90	0.90
0.1	391.32	0.92	1.89	0.89
0.5	359.2	0.84		
1.0	332.8	0.78	2.12	1.12

다른 방법으로 계산한 α(HCl)

볼 수 있다. 분자의 실재성(實在性)을 둘러싼 문제에 관해서도 같은 방식으로 논의가 전개됐음을 상기하자.

그런데 표에는 염산에 관해서, 전기전도율로부터 계산한 α와 어는점 내림으로부터 얻어진 i 계수에 의한 α가 제시돼 있다. 농도가 묽을 때는 거의 일치해 아레니우스설의 유력한 증거가 되었다.

7. 전리설의 증명

● 준비물

전지

비커

전극

파일럿램프와 전극을 포함하는 회로

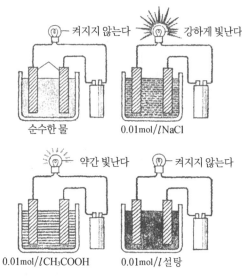

어는점 측정 장치

염화나트륨

자당(수크로오스)

아세트당

증류수

그림과 같이 회로를 조립하여 비커 안에

(i) 순수한 물(증류수)

(ii) 0.1mol/l 식염수

(iii) 0.10mol/l 아세트산

(iv) 0.100mol/l 자당 수용액

을 넣고 파일럿램프가 켜지는 상태를 관찰하라.

160

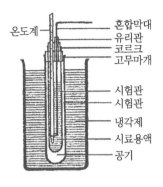

어는점 측정 장치

초등학교 때부터 접해 온 낯익은 실험이겠지만, 전리설이 성립하는 과정을 알고 나면 받는 첫인상도 저절로 달라질 것이다.

8. 우리의 실험

아레니우스의 전리설을 확인하는 실험 중에서 가장 손쉽게 할 수 있는 것이 어는점 내림일 것이다.

● 준비물

어는점 측정 장치(그림)

에탄올(무수)

공업용 식염

염화나트륨

● 어는점 측정 장치의 제작

한쪽이 다른 쪽으로 들어가는 2개의 시험관(20 × 150mm와 25 × 200mm)

용질의 질량(g)	1.0	1.0	1.0	1.0	1.0	1.0
물의 질량(g)	9.0	18.0	36.0	72.0	90.0	90.0

시료 용액의 조성

을 선택하여 2개의 가장자리가 서로 닿지 않게 고무관 등을 끼워서 삽입한다. 안쪽 시험관에는 2개의 구멍을 뚫은 고무(코르크)마개로 막고, 그 한쪽에는 온도계를, 다른 한쪽에는 혼합용 막대로 쓸 짧은 유리관을 꽂아 넣는다.

● 시료 용액의 조제

용질로는 프로판올 C_3H_7OH(58) 및 식염 NaCl(58.5)을 사용하고, 표에 제시된 것과 같은 혼합물을 만든다.

냉각제로는 공업용 식염의 포화용액 1l에 얼음 2.3kg을 가한 것을 사용한다.

● 어는점 내림의 측정

시료 용액을 안쪽 시험관에 넣고 전체를 냉각제에 담가 즉시 혼합하기 시작한다. 1분 간격으로 온도계의 지수를 기록하여 시각-온도 곡선을 만든다.

용액이 어는점에 도달하면 장치를 냉각제에서 꺼내어, 시료가 액체로 될 때까지 방치한다. 반복하여 시간-온도 데이터를 3회 얻는다.

각 시료에 대해 같은 측정을 실시하라.

● 데이터의 정리

이들 데이터로부터 얻은 물-프로판올계와 물-염화나트륨계의 어느점을 비교하고 각 농도에서의 전리도를 구해 보라.

9. 전리설에 대한 반론

전리설을 당연한 것으로 받아들이고 있는 우리는 식염이 수용액 속에서는 나트륨이온 Na^+와 염화물이온 Cl^-으로 전리해 있다는 데 아무런 의심도 품지 않는다. 그러한 만큼 1884년에 아레니우스가 최초 형태의 전리설을 발표했을 때 스웨덴의 화학자들이 이를 일축했다는 말을 듣고는 매우 놀라지 않을 수가 없다.

아레니우스에 대한 반대의 근거는 다음과 같은 것이었다. 당시의 화학자들에게는(현대의 화학자들에게도) 식염은 매우 안정된 물질이었다. 실제로 식염의 생성열(生成熱)은 매우 크다. 그런데 아레니우스의 설은 그 안정된 식염이 물에 녹이기만 해도 나트륨과 염소로 분리되는 듯한 인상을 주었다.

나트륨 Na와 나트륨이온 Na^+, 염소 Cl과 염화물이온 Cl^-이 전혀 다른 물질이며, 그 성질이 다르다는 것을 당시의 화학자들은 아직 이해하지 못하고 있었다. 만약 식염이 나트륨과 염소로 분리된다면 나트륨은 물과 반응해야 할 것이며, 또 염소의 자극적인 냄새가 날 것이다.

또 수용액 속에서 양이온과 음이온이 자유로이 돌아다니고 있다는 생각도 당시의 많은 화학자들에게는 좀처럼 납득하기 어려운 것이었다. 양전하와 음전하는 서로 쿨롱힘에 의해서 흡인하고 결합하여 중성분자가 될 것이다. 전기분해의 경우처럼 전압이 가해진 경우에만 이온이 발생한다는 것이 반대론자의 입장이었다.

그러나 전리설이 전기전도율, 삼투압, 어는점 내림 등의 숱한 현상을 잘 설명할 수 있다는 사실 앞에서 이러한 반대론도 점차 힘을 잃어갔다. 특히 판트호프와 오스트발트의 공동 노력으로 전리설은 차츰 널리 퍼져 나갔다.

그러나 20세기 초가 되어서 전리설에도 문제점이 있다는 것이 밝혀졌다. 그것은 보일-샤를의 법칙이 실재하는 기체에서는 반드시 정확하게 들어맞지 않았다는 것과 유사하였다. 이를테면 강전해질 용액에서는 농도가 높아지면 전기전도율로부터 구한 해리도 α와, 삼투압이나 어는점 내림으로부터 구한 해리도가 들어맞지 않고, 더구나 $\alpha > 1$로 되는 일도 일어났다. 이것은 완전한 모순이다. 전리설에 수정이 필요한 것은 명확한 일이었다.

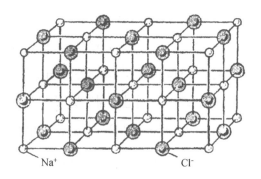

염화나트륨의 결정구조

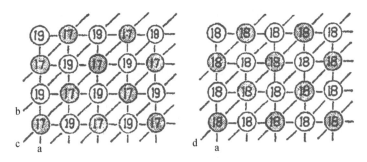

염화칼륨결정의 두 가지 모델

10. 결정 속에 이온이 있다고 하는 증거

1912년, 영국의 물리학자 브래그 부자(W. B. Bragg, 1862~1942와 아들 W. L. Bragg, 1890~1971)는 X선 결정해석으로 식염의 결정구조를 밝혔는데, 이에 따르면 결정 속에서는 나트륨 원자와 염소 원자가 번갈아 배열되어 있으며, 분자의 단위는 인정되지 않았다. 적어도 결정상태에서는 아레니우스가 말하는 해리되지 아니한 분자 NaCl은 인정되지 않고 있다.

한편 X선 해석에 의해서 단순히 원자의 위치만이 아니라 원자가 몇 개의 전자를 지니고 있느냐는 것에 관한 정보가 얻어진다는 사실도 밝혀졌다.

이를테면 염화칼륨 KCl의 결정이 중성인 칼륨 원자 K와 염소 원자 Cl로서 이루어져 있는 경우 원자가 배열돼 만드는 면은 위 그림에서 알 수 있듯, 전자의 수가 균일하지 않을 것이다.

a면은 전자수 17과 19의 원자로서 이루어지는 데 반해, b면과 c면은 각각 전자 19개와 17개를 갖는 원자로 이루어져 있다. 그런데 실제로 측

정하면 모든 면은 구별이 되지 않고, 어느 면도 다 전자수가 같은 원자로 이루어져 있다는 것을 알 수 있다. 이것은 칼륨이 전자 1개를 상실하여 칼륨 이온 K^+(전자수 18)으로, 염소가 전자 1개를 얻어서 염화물이온 Cl^-(전자수 18)로 존재하고 있다는 것을 명확히 보여 준다(그림 오른쪽). 그러므로 물에 녹이면 음·양의 두 이온이 각각 분산된다는 것이 설명된다면, 결정이 이온으로 이루어져 있다는 것은 전리설의 강력한 증거가 되는 셈이다.

11. 용매의 역할과 이온들의 반응

전리설이나 삼투압 이론의 특징은 용매의 역할을 전적으로 무시한다는 점에 있다. 실제로 판트호프가 생각한 묽은 용액과 기체의 유사성에서 묽은 용액에서의 용매의 역할은 기체에서의 진공의 역할과 같았다.

그러나 전해질 용액에서 용매가 하는 역할이 매우 크다는 사실이 처음 밝혀지게 되었다. 특히 물은 용질이 전해질일 때 용질과 강한 상호작용을 한다. 실제로 수용액 속에서 각종 이온은 그 자신이 극성을 지니는 물 분자에 둘러싸여 있다. 이것을 '수화(水和)'라고 한다.

수화에 의해서 이온은 두드러지게 안정화된다. 즉 수화 과정은 발열반응이다. 이 수화에너지에 의해서 결정구조 속에서 이웃해 있던 양이온과 음이온을 떼어 놓기 위해서 필요한 에너지가 보급된다.

이 관계를 그림으로 제시했다. 식염 결정 1mol을 기화하기 위해서는 양이온과 음이온 사이에 작용하는 쿨롱의 힘에 저항해야 할 필요가 있다. 이

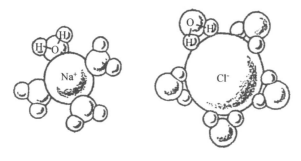

이온의 수화

것에 소요되는 에너지는 1mol당 184kcal이다. 그런데 결정 1mol을 물에 녹이는 과정도 흡열적(吸熱的)이지만, 필요한 에너지는 불과 1mol당 1kcal이다. 이 차이는 기체 상태의(알몸의) 이온과 수용액 속의 이온(수화된)의 에너지 차에 해당한다. 즉 식염 1mol에 해당하는 기체 상태 이온(나트륨이온 1mol과 염화물이온 1mol)이 수화하는 과정은 발열적이며, 1mol당 143kcal에 달한다.

또 한 가지 고려해야 할 것은 물의 유전율(誘電率)이다. 유전율이라는 것은 전기장 속에 있을 때 어느 정도로 분극(分極), 즉 양전하와 음전하가 분리되느냐 하는 판단이다. 유전율이 ε인 용매 속에서 양전하와 음전하 사이에 작용하는 쿨롱힘은

$$f = \frac{q^+ q^-}{\varepsilon \gamma^2}$$

에 따라서 감소한다. 물의 ε은 80이므로 염류를 물에 녹여 분산된 상태의

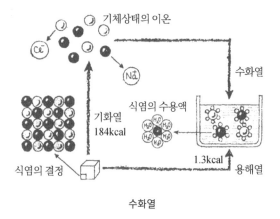

기체상태의 이온

수화열

기화열
184kcal

식염의 수용액

식염의 결정

1.3kcal   용해열

수화열

이온으로 하는 데 필요한 에너지는 결정을 기화하여 분산시키는 데 필요한 에너지의 1/80이 된다.

또 고려해야 할 일은 용액 속의 이온 사이에 작용하는 상호작용이다. 이를테면 농도가 1mol인 식염 용액에서 이온 사이의 거리는 약 9Å(9 × 10^{-8}cm)인데, 이것은 기체의 경우 상온에서 50기압에 해당한다. 이 정도 거리라면 이온끼리의 상호작용을 무시할 수 없게 된다.

◆ 이온의 속도

이온을 수영선수에 비유하면 누가 가장 빠른 선수일까? 측정 결과를 표에 나타내었다. 눈에 띄는 것은 수소이온 H^+와 수산화물이온 OH^-가 두드러지게 빠르다는 점이다.

수소이온만 생각하면 이온의 크기가 문제인데, 스마트한 수소이온은 다른 이온처럼 꾸물거리지 않고 휙휙 헤엄칠 것이다. 그러나 수산화물이온은 그다지 작은 이온이라고는 말할 수 없다. 게다가 금속이온 데이터를 보면 이온의 크기는 그다지 관계가 없고 거의 균일하다. 크기의 문제는 아닌 것 같다.

사실은 수소이온도 수산화물이온도 수화 이온으로서, 주위에 물이 많이 붙어 있어서 결코 작다고는 말할 수 없다. 이 수소이온과 수산화물이온의 빠른 이동은 그로투스의 메커니즘이 작용하고 있는 것이라고 생각하면 어떻게 될까? 이온 자체는 이동하지 않고 공 보내기처럼 전하만이 이동하는 것이므로 빠른 것은 당연하다.

1cm 떨어진 전극 사이에 1V에 전압을 가하면, 이를테면 Na^+는 5.19×10^{-4}cm/초로 이동한다.

재미있는 일은 기체분자 속도와의 비교다. 기체분자운동론을 바탕으로 계산을 하면, 통상적인 조건에서 기체는 약 10,000cm/초의 속도로 이동한다. 그런데 이온으로 말하면 1cm 떨어진 전극 사이에 100V의 전압을 가했을 때의 속도가 겨우 0.05cm/초다.

용매화(溶媒和)를 하여 커진 이온은 용매 분자의 방해에 부딪히면서 구불구불한 경로를 택하여 느릿하게 움직이고 있는 것이리라.

이온	속도	이온	속도
H^+	36.3×10^{-4}	OH^-	20.5×10^{-4}
Na^+	5.19×10^{-4}	Cl^-	7.91×10^{-4}
K^+	7.61×10^{-4}	I^-	7.95×10^{-4}

이온의 이동 속도[(cm/초)/(V/cm)]

12. 새로운 전해질 용액의 이론

제11절에서 말한 내용을 고려한 새로운 전해질 용액 이론은 20세기 초에 덴마크의 물리학자 비에룸(N. J. Bjerrum, 1879~1958)과 미국의 물리학자 루이스(G. N. Lewis, 1875~1946) 등에 의해서 두드러지게 발전했다.

새로운 사고에 따르면 강전해질의 묽은 용액에서 용질은 이온으로 완전히 해리되어 있다고 전제한다. 그러나 개개의 이온은 완전히 독립적인 것이 아니고 반대 부호의 전하를 갖는 이온에 의해 둘러싸여 있다(그림). 전기전도 실험의 경우처럼, 전기장에 두면 각 이온은 반대 방향으로 이동하기 때문에 처음에 만들어져 있던 이온분위기에 교란이 생긴다. 이것은 전기장에 의해서 발생하는 전류를 지워 버리는 경향으로 작용한다.

아레니우스는 이 전류의 감소를 전기를 운반하는 이온의 감소라고 생각했는데, 새로운 이론은 이것을 반대 부호의 이온과의 상호작용 때문이라고 생각했던 것이다.

이온분위기는 용액의 농도가 높을수록 강하기 때문에 이와 같은 전류

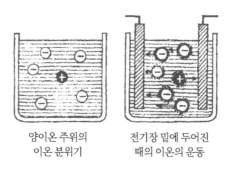

양이온 주위의　　　전기장 밑에 두어진
이온 분위기　　　때의 이온의 운동

양이온 주위의 이온 분위기

의 감소는 농도가 높을수록 크다. mol 전도율의 감소가 농도에 비례하는 것은 이 때문이다.

1923년에 네덜란드의 물리학자 디바이(P. J. W. Debye, 1884~1966)와 독일의 물리학자 후켈(E. A. A. J. Hückel, 1896~1980)은 이와 같은 이론을 정량적으로 발전시켜 실제로 얻어지는 측정값이 이 이론으로 설명될 수 있다는 것을 제시했다. 디바이-후켈의 이론은 이리하여 아레니우스의 전리설을 발전시켜 전해질 용액의 이론을 완성시켰다.

후기

필자는 이 책에서 화학의 6가지 기본 법칙이 만들어지고 발전해 가는 과정을 해설하는 동시에, 화학이라는 학문이 어떻게 성장해 왔는가를 그려 보았다.

화학은 처음에는, 옛날 사람들이 '자연철학'이라고 일컬었던 것의 불명확한 분야였다. 보일이 비로소 '화학', '화학자'라는 말을 쓰기 전에는 '연금술'과 '연금술사'로 통용됐다. 보일에 의해서 화학이 독립된 학문으로서 정립되는 길이 트였고, 라부아지에와 돌턴에 의해서 화학의 기초가 만들어졌다. 이 책의 제1장에서 제3장까지가 이 시기의 얘기들이다.

제4장에서 제6장까지는 화학의 발전기 때 얘기이다. 이 시기에는 화젯거리가 많았지만, 제4장에서는 독립하게 된 화학이 최초에 부닥친 문제(원자와 분자의 문제)를 중심으로 삼았다. 이 문제는 화학자가 발견하고, 화학자가 해답을 내놓았다는 점에서 화학의 발전상 큰 의미를 지닌다. 특히 그 마지막 단계에서는 화학과 물리학이 힘을 합쳐서 문제 해결에 임했다는 것이 인상적이다.

일단 독립된 학문으로 정립된 화학이 다른 독립된 학문과 힘을 합쳐서 더욱 발전해 나가는 과정 하나하나를 다룬 것이 제5장과 제6장이다. 전류의 화학 작용(제5장)이라는 전적으로 화학적인 문제는 차츰 발전하여 '물리화학(physical chemistry)'이라는 화학의 새 분야를 형성해 갔다. 이때 중심적인 역할을 한 오스트발트, 판트호프, 아레니우스의 업적 일부가 제6장의 주제이다. 또 판트호프는 1901년에, 아레니우스는 1903년에, 오

최첨단 연구 논문이 발표되는 잡지의 표제
물리학 · 화학 · 생물학의 구분이 없어지고 있는 것을 알 수 있다.

스트발트는 1909년에 각각 노벨 화학상을 수상하였다.

20세기로 접어들어 '물리화학' 속의 물리학적인 방법을 더욱 중시한 '화학물리학(chemical physics)'이 만들어졌는데, 이 양자의 구별은 그다지 명확하지 못하다. 현재의 일반적인 경향으로서는, 학문은 점점 전문화되어 가는 한편에서 유기화학, 물리화학 등의 전통적인 분야별 분류가 있다. 그뿐만 아니라 물리학, 화학, 생물학 등의 분류조차도 학문이 최첨단에서는 차츰 의미를 잃어 가고 있다.

우리는 현재 물리학이나 화학, 생물학 등을 통틀어서 '자연과학(natural science)'이라고 부르지만, 이전에는 '자연철학'이라고 불렀고, 더구나 물리학이니 화학이니 하는 구분조차 없었다. 학문의 발전으로 자연철학은 해체되고, 숱한 전문적 학문으로 분화되어 갔지만, 전문과 전문 사이의 칸막이를 제거해 가며 학문은 한층 더 큰 발전을 이루고 있다. 머지않아 다시 칸막이가 없는 자연철학의 시대가 오는 것은 아닐는지.

그러나 학문의 실질과는 별도로, 학문의 제도(制度)라는 것이 있어서 우리는 그 제약을 받는다. 이 책의 독자인 여러분이 대학에 진학할 때 부딪히는 전통적인 학문적 분류에 따른 학부, 또는 학과라는 '테두리'는 바로 학문의 한 제도이다. 그러나 무슨 학부, 어느 학과로 나아가든지 간에 학문 자체는 차츰 칸막이가 없는 하나의 학문(어려운 말로 한다면 '자연철학')을 향해서 움직이고 있는 것이다.

여러분에게 중요한 것은 무슨 학부, 어느 학과에 들어가느냐는 것이 아니라, 무엇을 배우느냐, 자연을 이해하기 위한 여러 방법 중 어느 방법에 주력을 두고 공부하느냐이다.

이 책을 저술하며 일일이 이름을 들 수는 없지만 많은 책을 참고했다. 진심으로 깊은 감사를 드린다.